Allay
Sorrow

互 联 网 人 的 解 忧 密 码

宋婷婷(Vivian)/著

中华工商联合出版社

图书在版编目(CIP)数据

摆渡：互联网人的解忧密码 / 宋婷婷著. -- 北京：
中华工商联合出版社，2018.3

ISBN 978-7-5158-2214-3

Ⅰ.①摆… Ⅱ.①宋… Ⅲ.①人生哲学－通俗读物
Ⅳ.①B821-49

中国版本图书馆CIP数据核字 (2018) 第 029547 号

摆渡：互联网人的解忧密码

作　　者：宋婷婷
策划编辑：傅德华
责任编辑：楼燕青
封面设计：周　源
责任审读：郭敬梅
责任印制：迈致红
出版发行：中华工商联合出版社有限责任公司
印　　刷：三河市燕春印务有限公司
版　　次：2018年4月第1版
印　　次：2024年1月第3次印刷
开　　本：880mm×1230mm　1/32
字　　数：180千字
印　　张：9.125
书　　号：ISBN 978-7-5158-2214-3
定　　价：48.00元

服务热线：010-58301130
销售热线：010-58302813
地址邮编：北京市西城区西环广场A座
　　　　　19-20层，100044
http://www.chgslcbs.cn
E-mail: cicap1202@sina.com(营销中心)
E-mail: gslzbs@sina.com(总编室)

本书特别献给李梦卓小朋友，你的出现让我对生活、生命、使命有了更多的思考和感悟。

有你激励着我不断地成长是件很幸运的事情。

看着你一点点地成长也是件很幸福的事情。

谢谢你，我最亲爱的宝贝！

推荐语

　　幸福感是现代人的重要追求，物质上我们已经不再匮乏，但却越来越陷入"外表光鲜但心灵狼藉"的境地。忙碌、快节奏、焦虑、对未来的迷茫……这一系列的问题把每个人禁锢得喘不过气来。很多人发现越勤奋压力越大。如何释放压力、摆脱困惑、降低焦虑，欢迎大家阅读《摆渡——互联网人的解忧密码》，一起来探知，一起去感悟！

——著名互联网公司总裁　朱　宇

　　张爱玲说过："中年以后的男人，时常会觉得孤独，因为他一睁开眼睛，周围都是要依靠他的人，却没有他可以依靠的人。"按照这种标准，不止男人，很多职场女性也是这样孤独的人。这世界上本没有"不知疲倦的人"，如果有的话，那他背后一定需要可以让他休息、放下、清空的人。这个人，很可能就是心理咨询师、催眠师。

　　我的多年好友宋婷婷Vivian，就是这样一位有着"帮到更多人"情结的心理咨询师和催眠师。她在本书中用文章、案例和深入的思考来帮助更多的人找到最佳方式去休息、放松、清空。

——互联网行业"布道师"、公众号"改变自己"联合主创　张　辉

过去二十年，我们经历了这个世界上最快的变化，物质的极度繁荣，我们在家里足不出户就可以享受一切。我们从事互联网的同学们用"用户第一"的思想，"超出用户预期"的理念，在满足着改变着我们生活的方方面面。但是，身体跑得太快了，我们的心却没有跟上。宋婷婷Vivian作为心灵的摆渡人，这本书汇集了她数年的心得，真正让我们停下来等一等灵魂，让心安宁下来，回到身体。

——阿里巴巴人工智能实验室智能终端总经理　茹　忆

"风月无古今，情怀自浅深。"同样的风景，佛祖拈花而笑，黛玉葬花吟诗，有人看到的是生的希望，有人看到的是死的悲凉，都是唯心所造。这本有关互联网人的"唯心"书，你需要看看。

——TOPX体验咨询工作室创始人、
《触人心弦——设计优秀的iPhone应用》作者　陈　莹（elya妞）

庞杂的生活总会让我们的心去追求短期的快感和利益，而忘了自己真正想要去的地方。无论现代人多么的自我或自由，总会缺乏一种安全感和归属感。这一切的一切，都是心在作怪。心灵摆渡人宋婷婷Vivian用这本书，帮我们切断外界的过度刺激而找到自己。当把自己从生活的惯性中抽离出来读这本书的时候，你会发现看世界不一样的角度，而往往角度变了，可能焦虑的扣子也就解开了。

爱夹杂着忧愁，开心伴随着难过，想念却是因为忘记。用这本书，解开内心的扣子。

——绘麟社　相　辉

哥伦布是伟大的航海家，但是和哥伦布一起航海一定不是好的体验：和家人分离，和老鼠为伍；不干净的饮水，缺少维生素和其他营养的食物。无数默默无闻的海员背井离乡，放弃生活改变了人类文明的方向，这个场景和今天何其相似。互联网提升了我们的生活效率，创造了新的生活方式，可那些互联网的"船员们"却让自己的生活一片狼藉。

本书记录了若干典型的船员生活和他们的焦虑，并给出了这些焦虑在工作、生活、爱情、亲情等场景中的表现方式。但宋婷婷Vivian并没有停滞于此，她在深入思考的基础上，给出了适用于这个行业领域人员的快速解决方案。显然这是理解我们这个时代最有价值的样本之一。

——前资深媒体人、

现互联网新员工、《胖叔叔带你去旅行》作者　秦　轩

------------------------------◆------------------------------

深究一个人和她的故事，真实的剧情远比朋友圈要魔幻得多。每个人所处的社会地位看似云泥之别，但在喜怒哀乐的个体感受上，并无不同。所以，自我成长是永远的命题。宋婷婷Vivian和她的这本著作，像是帮我们梳理人世间的命运代码，总有一个案例、一条金句会点亮你，从此人生不同。

——资深媒体人　张　煦

------------------------------◆------------------------------

焦虑与动力的"倒U型曲线"告诉我们，只有把焦虑保持在一个合适的范围内时，人才是最健康的状态。焦虑过高或者过低，人都会表现出动力不足。本书通过大量的第一手案例，恰好能够激发出人的焦虑。同时，通过"焦点解决"的方法，宋婷婷Vivian提供了普通人可以看得懂、学得会的调节方案。通过看案例、学方法，每一个人都可以把焦虑控制在一个动态平衡的状态，从而提高个人的工作动力、生活动力和生命质量。

——中科院心理所副研究员　伍海燕

------------------------------◆------------------------------

德斯蒙德·莫利斯（Desmond Morris）在他的《裸猿》（*The Naked Ape*）中把人类的烦恼归因于社会高速进化与极其缓慢的人类进化之间的矛盾。显然，互联网产业的人士正在经历着这种矛盾，一方面是处于社会和技术的最前沿，另一方面处理情感的方式却和千年前的人类先祖没有太大区别，于是各种问题便开始产生了。宋婷婷Vivian通过她的一个个剖析得清清楚楚的案例，以及自身作为心理学家的感悟，帮助人们摆渡到彼岸。其实，大多数人的人生中只会有那么一条靠自己不容易渡过的河流，所以，让我们坐在渡船上，静静地聆听宋婷婷Vivian给我们讲述吧。

——私人银行家　魏　柯

互联网时代，是最好的时代，也是最坏的时代，你必须不停地奔跑，才能留在原地。在这个痛并快乐的世界里，我们一直在努力寻找和创造生命的意义。如果你还没有找到答案，那么，"摆渡"一下，你就知道！

——天使投资人　曹圣光

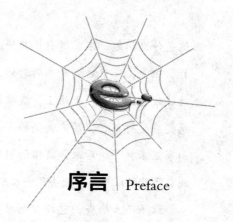

序言 Preface

一个"惶者"的反思与期望

当下流行一句话："唯惶者才能生存，唯偏执者才能成功。"这句话是如此被追捧以致我们很难去质疑它。但是，如果这个社会上人人都追求这样的"生存"和"成功"，人人都想变成"惶者"和"偏执者"，那这个社会有多可怕！每个人都不顾一切地去追求名、利、权、位，最终受伤的将不仅仅是这些人背后的家庭，还有他们自己。

先来讲讲我自己遭遇"焦虑"的故事，因为焦虑是很多"惶者"和"偏执者"共同的痛：我在2013年经历了一次"严重"的焦虑，开始的症状是坐立不安、心跳加快、莫名烦躁。我尝试过掐虎口、散步、平静呼吸，但这些都不解决问题。我开始不知道这是什么问题，不知道自己为什么会心率加快。平时在办公室还好，但是，一旦碰到开车的时候，发生这种烦躁不安的情况，这就非常危险。有一天晚上，我从办公室开车回家，刚上五环，就感觉难受得不行，后来我坚持开车到辅路边，停下车来，打电话向家里求援……后来，类似的问题也会在不经意间出现，我意识到自己必须求医了，便去了一家三甲医院的心理科。

做了很多检查，包括心电图、脑电波和脑供血，最后一项测试是心理问卷。主治医生看完我的所有检查报告后说："你还没有到'焦虑症'的地步，但是有'焦虑'状态，要注意。"他建议我要么服药，要么找心理医生。我说我还是找心理医生吧。他给我推荐了几个。但是因为出于对这些心理医生不够了解，并且自己的症状的确也没有到"焦虑症"的地步，最后我只是寻求了一些自愈的手段。

之后的一段时间，我看了很多书、视频。同时，我也做出了一些改变，比如和家人说说我碰到的问题和困难，以前我会把这些全都自己一个人扛下来，凡事总是报喜不报忧；比如我也开始了慢跑、冥想。经过半年多时间的调整，我逐渐恢复了正常的生活。因为我逐渐理解了导致焦虑的原因，焦虑发挥作用的机制以及"与焦虑和平共处"的办法。

但回顾整个过程，从开始有焦虑状态到焦虑愈演愈烈，最后不得不求医，到之后漫长的自我恢复，前后持续了一年多时间，其中太多的艰辛苦不堪言，相信很多有类似焦虑的朋友会心有戚戚然。

我从自己的这段经历出发，回溯了整个过程，找到了导致我"焦虑"的几点原因。如果以我为代表去观察城市中的"白领"或者"金领"，这几个因素有普遍的启发。我将其归结为3点，也可称之为"职场人士的三座大山"。

1. 职业

几乎每个做得还不错的职场精英都面临来自同级、上级和下级3个方面的竞争，而公司的竞争对手还会时不时给你一些意想不到的消息，经常出现在逢年过节或你休假的时候。职场之路，看起来是黄金铺就，但其中的沉重和冰冷，又有几人能知。

2. 家庭

家庭是世界上最难经营的地方，大部分人会不知不觉把家庭生活变得枯燥、乏味，满是责任而缺少乐趣。你在职场上好不容易爬到中层，但依然前途未卜。而此时你的父母已渐渐老去，疾病和养老是随时会爆发的隐忧；你的孩子可能面临择校、教育甚至是青春期叛逆的问题；而夫妻二人会不小心把"生活"变成"活着"，过着数钱、买保险、买房、理财的日子，了无趣味，甚至出现各种矛盾和问题。

3. 自己

2017年，我在拉斯维加斯参加CES会议（国际消费类电子产品展览会）期间，一个中年老同事留下一句话让现场的人面面相觑。他说："我在30岁的时候说要在40岁实现财务自由，去环游世界，结果你们看我现在都50多岁了，还在满世界出差。这次出差连维加斯大道的酒店都住不起，还得住郊区……"我们年轻时总觉得来日方长，岁月静好，但一毕业才发现，日子像决堤的洪水般哗啦啦地流走了。年龄，成了我们最大的危机。不晓得这是不是所谓的"中年危机"，但只要你感受到了"年龄"带来的压力，我们姑且认为是吧。

而这3点会带给我们很大的压力，当这些压力超出了我们的承受范围时，严重的身心疾病比如焦虑、抑郁等就会接踵而至。

我从爆发到治疗到自愈的过程持续了一年多时间，能自愈的秘诀还在于首先症状在医生看来并不严重，未到"病"的阶段，其次因为我对心理学早就感兴趣了，所以之前多少有一些积淀，而不是"从零开始"。

但是试想一下，如果症状更加严重呢？如果我以前没有接触过心理学呢？我能否从"焦虑症"的泥潭中爬出来呢？我想很难。自救不成，我们都需要寻求外在的帮助。提供互助，这是"人类社会"的一个基本要素。越是到这种心病的时候，我们越要去寻求专门的心理医师、心理咨询师、催眠师，等等。

这就要谈到本书的作者——宋婷婷，她是我的一位好友，心理咨询师，催眠师。

在我的多年好友中，宋婷婷是很特别的一位，早些年她刚进公司还是一个实习生时，就已经体现出"学霸"的本色，公司的项目管理工作做得极为出色，让大家很难相信这是一个实习生所为。后来，我们各自离开公司去寻求其他的发展，之后的几年，大家在各自的轨道上发展，偶有联系。前两年，我在朋友圈看到她已经学完了心理学的专业课程，并且成为一名心理咨询师，催眠师。而我从焦虑中走出来，心理、催眠等正好是我感兴趣的地方。在与焦虑和平共处的这几年，我找到了内心平静的方法，也拓展了生活的来源，同时我也不断把其中的收获和感悟发在微信公众号和朋友圈，这也引起了她的关注。最近一两年，我们针对心理、个人发展、职场等话题有过多次交流。我也很开心看到她的事业从零起步，一点点走上正轨，帮助更多人找到了内心的平静。

我和她曾经探讨过"如何帮到更多人"。因为作为一名心理咨询师、催眠师，她每天的时间是有限的，而且还要照顾好家庭。过分地压榨每天24小时的时间，既解决不了根本问题，又不是个人的可持续发展之道。幸好，她再一次找到了突破点，开办了自己的公司，找到了更多的志同道合者，一起帮助更多的人找到内心的宁静之所在。

而写书，也是我们探讨过的另外一种途径，书中的案例来自于她这些年咨询过的客户，其中绝大多数都是一线城市的"职场精英"。在公司，他们气质不凡，指挥人马，参与各种"大战"；在家庭中，他们是爸爸妈妈的好儿子、好女儿，是爱人的依靠，是小孩心中的大树和英雄，是家里的顶梁柱。但是，私底下他们却承受着巨大的压力且无处倾诉。张爱玲说过："中年以后的男人，时常会觉得孤独，因为他一睁开眼睛，周围都是要依靠他的人，却没有他可以依靠的人。"按照这种标准，不止男人，很多职场女性也是这样孤独的人。

无论你怎么看待心理咨询和催眠，你视为树洞也罢，你视为知己也罢，你视为心理按摩也罢，你视为放空的方法也罢，我相信每个在城市里打拼的人都需要这样的树洞、知己、按摩师和放空的场所。

这世界上本没有"不知疲倦的人"，如果有的话，那他背后一定需要可以让他休息、放下、清空的人。这个人很可能就是心理咨询师、催眠师。

希望这本书能帮到更多正在奋斗中的人。

张　辉

互联网行业"布道师"、公众号"改变自己"联合主创

目录 Contents

第二章 🔍

搞得懂AI，却搞不懂爱情

第三章 🔍

婚姻路上，我们正渐行渐远

第六章 🔍

告别过去，活出最棒的自己

引 言
外表光鲜下的心灵狼藉

"这种'不被理解',甚至是'被抛弃'的感觉,你有多久了?"在刚刚结束催眠之后,我平静地将这个问题抛给了坐在面前的中年男子,Tony。

"嗯……"他呆呆地望着我,像是沉思,像是快速地在脑海中寻找答案,他低下身来用手捂住额头,"我……"在停顿了数秒之后,他痛苦了起来。

在这间曾经上演过无数次商战大戏、如今却堆满了IPO(首次公开募股)上市文件的办公室里,第一次出现了这位CEO浑厚的呜咽之声。因为房间空旷而安静,哭声中裹带着回声,更像是穿越过此前的艰难岁月、难挨时光,积蓄已久才在此刻喷涌而出。几分孤独,几分凄凉。

数分钟就这样过去了。在用纸巾擦干眼泪,并将镜架扶回原处之后,Tony抬起身,面部表情也恢复了此前的风平浪静。"对不起,让您见笑了,嗯……今天有些失控。"Tony整了整胸前的领带,在狂风骤雨之后,重新回望自己的人生,娓娓道来。

"Vivian，我的人生，一直都很顺利。

"从小到大，我一直是个好学生，一路名校。毕业之后，进入外企，赶上大众创业、万众创新的时代，我又和几个兄弟一起出来创业。公司就这样一点一点地从无到有、从小到大，直到现在几百人的规模。融资也在一轮一轮顺利地进行着，直到最近可以IPO。我的事业算是春风得意了。

"但是，我的家庭，却是我始终不愿触碰的痛。

"我和我爱人，曾经特别相爱。她在我眼中，是个善解人意的妻子。而我在她眼中，应该也算是个有事业心的模范丈夫。

"后来，有了孩子，她将更多的注意力放在了孩子身上。而当时正值我创业期，我也将注意力更多地放在了工作上。尽管如此，我们那时候的关系，还是可以用'琴瑟和谐'来形容的。我心疼她在家里的付出，她支持我在事业上的拼搏。

"之后，孩子长大了，到了上学的年龄。为了避免跑来跑去太过辛苦，孩子和我爱人在学校旁边租了一套房子。而我，则住在离公司比较近的地方。只有在周末的时候，我们一家人才会聚在一起。

"再后来，孩子的课外班越来越多，连周末的两天时间，我们也很难见面了。显然，我们三个人相处的时间越来越少，沟通的机会也越来越少。仅有的交流，就是孩子需要交费的时候。

"慢慢地，妻子对我的抱怨越来越多。什么不顾家、自私呀，只注重自己的发展，不重视孩子和她的事情，等等。我曾经尝试着向她解释，但是她要么就是在忙活孩子的学习，要么就是自己在看书。总是没有时间和我说说话。也可能她在用'忙碌'来逃避和我之间的沟通和相处吧！

"可以想象，我对她们娘俩的了解越来越少。我甚至都不知道我老婆现在在忙些什么，孩子也不愿意和我多说话。或许，我对她俩来说就是一个提款机，只有在交费的时候我才会被开启和使用。

"是的，'不被理解'和'被抛弃'是我最深的痛。我最爱的两个人都不理解我，都抛弃了我。我经常问自己：'我这么拼，这么累，到底是为了什么？'"

"网"上蜘蛛侠

事业上风生水起，内心深处却一片狼藉，像Tony这般陷入"困境"的人在互联网从业人员中，并非个案。

让我们先来看一下目前中国互联网的发展现状。

据《财富》（中文版）发布，由"中国企业联合会"和"中国企业家协会"按国际惯例组织、评选、发布的数据显示，2016年，在中国500强中，互联网公司占有10个席位。虽然公司数量占2%，收入占1.8%，但利润却占5%。当年，互联网企业总收入为

5568亿元，总利润为1352亿元。

近年来，随着全球移动互联产业的集体爆发，中国互联网更是一路狂奔。即使在2015年，我国互联网行业，营收规模已经达到了40%以上的高速增长。在基础电信业增速明显放缓的情况下，互联网行业已成为拉动信息通信业、实现平稳较快增长的重要引擎。

与此同时，随着互联网与经济社会各领域跨界融合发展的持续深入，线上线下打通、实体虚拟结合的融合型企业，迸发出巨大的发展潜力。企业营收、市值在短期内呈爆发式增长态势，成为当前引领行业发展的生力军。

在这样的时代背景之下，投身互联网，成为当下职场中人最为狂热的理想之一，也是成功、创富的代名词。截至2015年，互联网从业人数，达到了5000万之多，其中大部分为30~40岁的中青年。据统计，有30.3%的互联网从业人员，月薪达到了2万元以上；20%的人，月薪在1.5万元~2万元；30.3%的人，月薪在1万元~1.5万元；16.7%的人，月薪在0.5万元~1万元；而月薪在0.5万元以下的人，只占了互联网就业总人数的2.5%。

一半是海水，一半是火焰。像是被卷进了高速运转的机器，互联网人的超负荷工作状态，几乎成了这一行业的特点之一，越来越被整个社会所重视。

以上文提到的Tony为例，全年无休，几乎成为互联网人的常态。"周一深圳，周二广州，周三成都，周四自贡，周五绵阳，周六成都，周日北京"——这是Tony很常规的一份"日程安排"；手机，永远24小时开机，需要随时响应每一个电话；笔记本电脑，总是随身携带，如何利用碎片化时间工作，甚至成为互联网人相互炫耀的技能。

显然，无快不破，快者为王，成为互联网业集体信奉的行业准则。而互联网人的生活节奏，也随着工作节奏一起变快。

看看中关村、上地、望京和亦庄那些承载着互联网公司的高端写字楼。到了中午，外卖小哥们几乎可以在楼下排成一排。无论是月入五千的，还是月入五万的，一律一边吃着15块钱的外卖盒饭，一边盯着电脑屏幕上面的代码。就连写字楼旁边的咖啡馆里，在暖洋洋的夕阳的照耀下，也没人有心情和时间去享受落日的余晖。与咖啡馆里慢悠悠的法语歌曲形成强烈反差的，是人们一边急匆匆地买咖啡，一边用英语对着耳机上的麦克风，开着跨国的电话会议。

下班后，这些人还要急匆匆地去接孩子，然后抓紧时间给孩子辅导功课、练琴练武术练舞蹈，还要挤出时间来做亲子阅读。好不容易熬到孩子上床睡觉了，为了自我"充电"，还要看书、学习。连轴转的生活状态似乎已经成了常态。

逆水行舟，不进则退。身处一个快速发展的行业，互联网人不敢有一丝懈怠，生怕今天还身处风口浪尖，明天就被"拍死在沙滩上"。

阿冰，计算机本科生毕业，工作之初是一名程序员，每月基本工资6000元。这在很多同龄人看来，报酬丰厚。但是三年之后，阿冰却无法继续加薪。因为自己只是本科学历，如果想晋升到下一个薪酬水平，还需要再等两年。这意味着在接下来的两年时间里，无论他做得多么优秀，只要没有硕士学历，他就无法得到进一步的晋升和加薪。只是因为不具备硬件条件而导致自己无法做更多的事情，这让阿冰的工作动力受到了强烈的打击。

Lily在一家合资公司做产品总监，35岁能做到这个位置被无数人羡慕，但她本人却时刻沉浸在沮丧当中。因为在这家合资企业中，总监已经是大陆员工能做到的最高职位，进一步的晋升几乎没有可能。她实在无法接受在接下来的十多年时间里一直做重复的工作且得不到晋升，而自己目前的年龄却很难再跳到其他公司重新开始。

Lio在一家游戏公司做产品经理，娶妻生子之后，他把本来就为数不多的下班时间用于陪伴家人。突然有一天，开产品讨论会的时候，他发现自己团队里那帮"90后"所津津乐道的游戏，他一个都没玩过。这些游戏包含了当下最热的元素和潮流，是他们来做产品设计时的参照。"小孩子们的兴趣点我完全跟不上，况且他们没有负担，我真心拼不过。"刹那间，Lio有一种"我老了"的感觉，并且开始焦虑和担心，怕自己很快就会被这个行业所抛弃。

这个行业对于需要生养孩子、照顾家庭的女性来讲，则更为残酷。

Angelia，某互联网公司的HRD（人力资源总监），曾在职业上升期做过3次人工流产。"如果当时要了孩子，不仅之前的努力都白费了，还可能把自己唾手可得的位置拱手让给了别人。"Angelia说，她当时唯一的想法就是，没有做到总监级别之前不要孩子。而现在已稳坐高位的她已经39岁了，再加上多次流产的伤害，让自己怀上宝宝的希望变得非常渺茫。

那些"已育"的职场妈妈，在"二胎"政策放开之后，又将面临新一轮添丁与否的考验。要不要老二，已经不是一个简单的生育问题，而是涉及经济、精力和晋升机会如何取舍的选择性难题。

小凡，老大9岁，意外怀上老二，正在犹豫是否留下这个小生命。老大由奶奶和姥姥轮流帮忙带大。如今，老人们的身体和精力已大不如前，经历过9年的折腾都不愿意再重新来过。但如果只靠自己，肯定无法又上班又带老二，还要接送老大去各种课外班。但如果自己辞职，全职在家带两个孩子的话，车贷房贷则全都压在老公一个人身上。生活的重压，令她在二胎面前望而生畏。

来自小家庭的压力与负担，只需要去取舍和选择；来自老家和亲戚家的压力，则更容易让自己身陷其中，无法拒绝。

兰之，山沟沟里奋斗出来的互联网人，已在上海"站稳脚跟"。这令仍在老家生活的家人倍儿有面子，但因此带来的负担也随之而来。

只要是在老家认识兰之父母的人去上海的时候，都会和兰之见个面。且不说吃饭的费用要由兰之负担，兰之的家里也随时会被客人当成旅馆。这些亲友还会提出很多要求，比如帮忙找工作、找对象、借钱、上户口……兰之的父母和亲戚们都觉得兰之在上海的互联网公司工作，多么体面的一件事情，一定有很多钱和数不清的上层关系。父母希望兰之可以手到擒来地帮助亲友们，让别人看看，自己的孩子混得多么有模有样。

兰之的父母总是说："你都在中国的互联网公司工作了，你都跟马云、马化腾、周鸿祎一起工作了，你还有什么事办不成的，还有什么不开心的呢？"

困在"网"中央

一次次深入的催眠和调节，Tony越来越愿意谈自己的过去了。

"在事业上，当几个哥们开始决定创业的时候，要考虑技术、产品、市场、销售等，还要把这些东西变成有条理的'商业计划书'拿给投资人看，为的是要从他们那儿拿到投资。那会儿，成天担心的是有没有足够的资金来启动项目。

"等投资拿到了，又开始忙招聘拓渠道。招不到人的时候，看到订单已经妥妥地拿到手里，但是产品还没影呢，心里就又开始焦虑，怕不能按时交货；而当人都招到了，产能上去了，订单又不够量了，心里又开始焦虑，担心库存积压。

"当订单和产量匹配之后，又担心下一轮融资的问题。怕已经付出了这么多，并且已经初见成效了，万一资金不能及时到位……"

显然，自决心创业的那一刻起，自己就被卷入了没有尽头的焦虑当中。

这些循环往复的焦虑与压力，并非只有创业的小公司才会有，也绝非只有公司的创始人才会有。

这种害怕失去的焦虑感是所有的互联网人共有的感觉。

"我们可以接管团队，但不可能接管一个老大。"一篇题为"人到中年，职场半坡"的微信热文，以这句话作为开头。

故事是这样的。方勇曾是高德地图一个业务部门的负责人。有一天，一个空降到高德的高管把他叫到了会议室，告诉他由于公司组织架构调整，他所负责的团队将要合并到另一个部门，当然他也可以跟着一块儿过去，但新部门的负责人并不欢迎他。他的团队还在，只是不再向他汇报了。方勇因为公司兼并重组而成了孤家寡人，"混"了一个月后，他主动递交了辞呈。39岁的方勇，成了职场中失意的中年人。

方勇原本以为凭他的资历，离开高德找下一份工作应该毫不费力，但这段失业的时间整整持续了8个月。

期间，有一些总监级的工作找到他，但方勇不愿意接受降职减薪。这加剧了他找工作的难度。一方面，他已经超过了职场的黄金年龄；另一方面，越是高端的职位越不好找。"坑比较少了"。方勇说。在职场的跑道转换中，这是中年人无法回避的尴尬。

方勇最终迫于无奈接受了薪酬的下降。在离开高德8个月后，他找到了一份工作。新东家是他从前的一个客户，热情相邀，但开出的薪水是高德时期的一半。他接受了这份工作，因为此时的他太需要稳定的收入来给自己一些安全感了。但与赋闲在家相比，接受这份工作是另外一种焦虑："你接受自己不再上升，接受自己下降，发现自己人生的顶点已经走完了，开始走下坡路了。这非常可怕。"方勇说，"我希望我永远在上坡。到了顶点，第二天我就死了。"

在这篇热文的评论中有一条看上去更为凄凉：很多人连坡都没有上过就消失了。

大部分人到了中年，无论是否处于管理岗位，处境就会变得尴尬而飘摆。如果是高层或中层管理者，会因为公司的高层人事变动、兼并重组、公司转型、业务变化而无法保留原有的职位。如果你连中层都不是，只是个底层员工，那么毫无疑问，更会在所有的变化中，成为最先被"甩包袱"出去的人。

Aaron，一个同时兼有管理和专业职级的管理者告诉我："在职场中，一定要有专业傍身。管理者的身份随时可能被撤换，但业务尖子是不愁没有出路的。我的职业理想就是成为业务顶级的管理者。"

但是，要想成为"业务顶级的管理者"又谈何容易。作为投身华为的"骨干级"管理者，Bill现在的日程表上，除了开会就是开会，他已经太久没有编过代码了。但是，他知道基本功是自己安身立命的资本，绝不能扔下。于是，只能用少得可怜的休息时间，自学现在流行的编程语言。毕业十年，Bill接触到的计算机语言换了十几种。二十多岁的时候，他曾用一周时间学会了一门语言。而现在，记忆力不比从前，也没有那么高的学习新语言的热情了，他对于自己的学习动力和状态感到了深深的担忧和焦虑。

Bill说，即使你是业务顶级的人也会在中年时代面临"高不成低不就"的尴尬，既不会管理、被委以重任，也会在业务层面因为发现和自己平级的孩子们都这么年轻而满心羞愧，伺机而逃。

或许你会说，这些个体焦虑与滚滚向前的互联网发展相比又算得了什么呢？哪个行业不是推陈出新、成王败寇呢？

事实上，与传统行业比起来，一切都很快的互联网业确实更加"瞬息万变"，成与败之间很容易就按下了"切换键"。身处这一时代中的互联网人，无论属于哪家企业都难言稳定。今天你风光无限、受资本追捧，明天就可能因公司的倒闭而"颠沛流离"。

以"生态"概念而不断膨胀的乐视就是典型的例子。在2017年1月13日晚间20时，乐视网公告称，乐视获得包括了融创中国在内的168亿元战略投资。当时各路人士纷纷预测，乐视有望冲击中国最大互联网企业。看起来，乐视超越BAT（百度、阿里巴巴、腾讯）指日可待。

3个月之后，也就是4月17日下午，易到前CEO周航发表公开声明，称易到"确实存在着资金问题，而这个问题最直接的原因是乐视对易到的资金挪用13亿"。5月中旬，乐视就传出了再次裁员的消息。乐视此番裁员涉及乐视旗下乐视网、乐视控股、乐视体育等多家公司。其中，乐视控股体系中的市场品牌中心裁员幅度为70%，销售服务体系裁员幅度为50%，乐视体育裁员70%，乐视网裁员10%。6月下旬至今，易到用车易主，贾跃亭夫妇及乐视系3家公司的12.37亿资产被司法冻结。贾跃亭卸任法人代表……

这不禁让我想起了那句唱词，"眼见他起高楼，眼见他宴宾客，眼见他楼塌了"。每一个企业的进退，都关系到几十人甚至上千人的命运。所以，身处"网"中央，没有人能云淡风轻。

一项针对互联网人的调查显示，以换工作的难易程度来看，在受访者中，53.14%的人认为现在换个工作"很难"；38.24%的人觉得"还好"；只有8.63%的人觉得"很容易"。

"是的，一方面担心自己所在的企业在竞争中落败，自己不得不另谋出路，难上加难；另一方面也担心自己的业务在竞争中被打败。"

在中关村企业任职的Lora说："中国互联网公司，普遍存在着内部的良性竞争。不同的业务线同时开发一款产品，最后优胜劣汰，胜出者面向大众推广，淘汰者'陪太子读书'。对公司来说，投入三五份资源最终推出一份，是为了保证赶在竞争企业之前尽快站位。

"没时间考虑被淘汰的业务组、被淘汰的人会怎么想。没准过不了几年，我们都会被人工智能淘汰了呢！"Lora摊开双手耸耸肩说，"混互联网圈就是这样，跟上都不行，必须得超越。快，才是价值。"

光环还是枷锁？ "人生赢家"模版争议

"那天，来公司面试的一个小伙子告诉我说，希望能进我们公司，因为他马上就要结婚了，希望能先找份工作。"Tony不忙的时候会和我讲些工作中的事，"我当时就问这个准新郎，如果进了公司，就不能陪妻子了，你还愿意来吗？"小伙子一时语塞。

每年3月起，应届毕业生们就开始寻找就业机会。Tony和很多互联网高管一样，都会收到大量的简历，面试新员工占据了他们很大一部分时间。毕竟，进入互联网企业是许多年轻人的梦想。

这里有的是机会。这里有一夜暴富，关于"农药团队"120个月薪奖励的传言，令所有人心动。这里更创造人生赢家，关于Facebook的小扎成为千亿富豪、谷歌办公室如何让人玩着上班的话题构成了年轻人对互联网业的憧憬，太多人希望这些梦想也能照进自己的现实。

但现实显然不全是岁月静好，这里有一组数据记录了这些年"离开了我们的互联网人"。

2010年8月，年仅49岁的"神州数码"CFO贺军因心肌梗死去世。

2011年7月，年仅39岁的"凤凰"前总编辑吴征游泳时因心脏病发猝死。

2011年12月，"久游市场"总监刘俊因病去世。

2012年5月，年仅37岁的"腾讯女性频道"主编于石泓因脑溢血去世。

2012年9月，年仅25岁的"金山软件集团"旗下游戏工作室一名运营部员工在北京公司办公室内猝死。

2013年5月，年仅24岁的"搜狐"旗下游戏门户网站的一名网络编辑在上班路上突然晕倒在公交车站台旁，经医院抢救无效死亡。

2013年6月，年仅43岁的"慧聪网"CTO洪广志突因发脑溢血去世。

2013年7月，年仅36岁的淘宝电商品牌"御泥坊"前董事长吴立君因突发脑疾在长沙去世。

2014年9月，年仅28岁的"去哪儿"员工小鲁因心力衰竭去世。

2015年3月，年仅36岁的深圳IT男早晨被发现猝死在公司租住的酒店马桶上，而当日凌晨1点时他还发出了最后一封工作邮件。

2015年10月，年仅33岁的广州"仙海网络"总裁张旭因突发心脏病去世。

2015年12月，"腾讯"技术研发中心语音引擎组副组长李俊明在陪怀孕的妻子散步时猝死。

2016年5月，年仅41岁的成都"全搜索网"记者江俊因心力衰竭去世。

2016年6月，年仅34岁的"天涯"副主编金波在北京地铁6号线站台上突然晕倒，随后失去意识而猝死。

2016年10月，年仅44岁的"春雨医生"创始人张锐因突发心梗去世。

2017年2月，"途牛"副总李波在家中突发心梗去世。

……

一个个曾朝气蓬勃的人生被无情地定格在了花样年华，生命的指针就此停摆。我们无法想象这些人在生前是如何规划自己步步为营的职业梦想，又是怎样向着梦想拼尽全力。显然，光鲜亮丽、所向披靡的背后，是不得不面对的"古来征战几人回"。

据研究数据显示，IT行业因近几年加班现象较为严重成为"过劳死"事件、突发疾病导致死亡的重灾区。在"最影响从业人员的身体健康的行业"分析中，IT行业占比达到23.8%，成为排名第二的高危行业。排名第一的，是占比为29.6%的"矿工及建筑行业"。

据相关统计数据显示，中国每年"过劳死"的人数约有60万人，每年死于心脏性猝死的人数近55万。"过劳死"发病案例中，以男性居多；IT行业"过劳死"年龄最低，平均只有37.9岁。

每每看到这种数据的时候，都会有人说："逝者安息。愿天堂没有加班，没有大数据，没有互联网！"

但是，不这么拼，行不行？

随着市场经济的发展和市场体系的逐步健全，住房的商品化、货币化程度也进一步提高，人们用于改善居住环境方面的支出也呈较大幅度的增长，所有的这些都导致了住房消费的比重在十年内翻了一番。

而在医疗保健方面，医疗制度的改革，导致了人们用于医疗的支出增加。绝对支出额和支出比重都有上升的趋势。对比十年前的医疗支出，现在已经是翻了两倍。

在孩子教育方面的投入，也成为家庭支出的重头。据统计数据显示，家庭大部分的文教娱乐支出都用在了孩子的辅导书、辅导班、兴趣班上，对比十年前的教育支出现在已经是翻了一番。

所以，从表面上看，不敢生病、必须买房、孩子教育……种种经济上的危机感让人不得不拼，甚至以"死"相拼，但这显然不是引发全民焦虑的全部。

"从前慢，车、马、邮件都慢，一生只够爱一人……"我们怀念那个时代。虽然在那个时代，资源上的拥有绝不会比现在富足，但即使在生活贫瘠、吃不饱饭的年代，我们似乎也没有如此这般的全民焦虑。

所以，如果想要探究深层次的原因，一定需要我们内省，向内看。有句话虽然说的是道德层面，但用在这里也极为贴切——请慢一点，等一等我们的灵魂。

这种"心病"，这种庸人自扰，可能包括以下几个方面：

第一，"宁可坐在宝马里哭，也不愿坐在自行车上笑"已经成为一些人价值观的缩影。他们认为只要住着大房子、开着豪华车，就是人生赢家。在得到这些财富之前，一切都是浮云，没有资格享受当下，只有拼足火力向钱看。

第二，幸福是个比较级。攀比之心，虚荣之心给我们套上了枷锁。

第三，无穷无尽的欲望让我们欲壑难填，永不满足，永不快乐。

……

所有这些心病，投射到互联网人身上是什么样的状况呢？一项调查显示，48.99%的互联网从业者认为，他们的生活越来越艰难了；39.91%的人认为，他们的生活没有什么太大的变化；只有11.1%的人认为，他们的生活变得比以前容易了。

正是由于工作上的超负荷、对于自己职业前景的担忧和幸福感的下滑，在互联网产业中人们的心理健康问题才愈来愈严重。在一份对10000名互联网从业者的调查中得出：对婚姻满意的人，只占到总人数的35%；有离职意愿的人，占到总人数的12%；而有职业焦虑的人，却占到总人数的76%；有沟通焦虑的人，占到总人数的66%；而有过自杀念头的人，占到总人数的60%。

Tony告诉我："在没进互联网行业之前，感觉这个行业到处都是热点，到处都是机遇，所以年轻人都奋不顾身地往这个行业里冲。当真正进了这个行业之后才知道危机四伏，昨天的热点可能在今天就变成了冰点，大家都想抓住风口，但那只属于少部分人。大多数互联网人都在怕错过、怕失去、怕在盲从的焦虑中迷失自己……"

这也道出了值得所有互联网人思考的话题，所谓的人生赢家到底应该是什么样子？我们应该如何看待互联网上生活中的真相并对抗它？我们在"升级打怪"的路上，是否应该更加关注自己的内心成长？我们在心灵健康上的免疫力该如何提升呢？

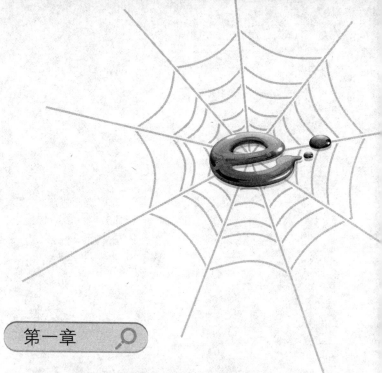

第一章

人在职场，早已身不由己

过度勤奋能致病

这一天来到我咨询室的是一位三十多岁的互联网公司白领，他叫William。

William对我说："Vivian，虽然在外人看来，我在一个很有前途的互联网公司上班，拿着还算不错的薪水，但其实每天上班的时候我都很没有安全感。

"我时而焦虑，时而沮丧，情绪反复不定，睡眠也时好时坏。我生怕哪一天自己在公司中不再重要了。

"我大学毕业的这十多年来，经历了太多的变动，总结起来就是奋斗、失望、转岗，再奋斗、再失望、再转岗……

"我大学的时候学的是通信工程，但是毕业的时候发现计算机系的学生最好找工作。

"还好我上大学的时候对编程略有了解，在找工作之前自己也刻苦学习了一下，毕业后，我得偿所愿地进了一家外企的研发团队，做了一名软件研发人员。

"在我工作了一段时间之后发现，码农其实并没有那么高大上，说白了就是一颗螺丝钉。

"作为一个研发人员，基本就只能看到自己的那一亩三分地，没有机会看到big picture（大蓝图），没有机会接触到研发之外的人。自己的眼界和能力在这样的工作内容下是无法得到快速提升的，而且编码这种技术性的工作人才辈出，很容易分分钟就被别人取代了。

"然而，在一个团队当中，最有价值感的人是'项目经理'，这个职位负责着整个产品的规划、预算的控制、进度的把握。项目经理掌控着全局，对上汇报给老板，对下沟通着公司的所有职能部门，很有存在感。更重要的是，这个职位的工作内容对于个人能力的锻炼和晋升的空间都有很大的帮助。

"当我意识到这一点之后，为了不被轻易取代，为了自己能够得到更好的发展。经过三年的刻苦努力，我终于从一名码农成功转型成了项目经理。

"刚做项目经理的那段时间，我很有干劲，也很快乐。新的舞台能够让我学习到更多的东西，我的能力也得到了迅速的提升。当时我觉得之前三年的刻苦努力和奋斗都是值得的！

"但是，突然之间互联网的概念席卷了整个产业界，不论是团队的规模，还是产品研发的周期，都在向着更小、更灵活、更敏捷的方向发展。在这个背景下，项目经理一下子又变得不重要了，而'产品经理'这个职位开始异军突起！

"因为项目经理的职位越来越少，跳槽的机会也变得越来越紧俏。为了让自己有更好的发展，我又开始向'产品经理'这个方向靠拢。

"等我好不容易快要接近'产品经理'这个目标的时候，突然发现做产品经理的都是些比我小将近十岁的小孩子，他们对于产品定义和用户体验的思考角度和我完全不一样。

"那是我第一次觉得我好像要和这个时代、这个行业脱节了，那也是我第一次对于自己的能力产生了深深的怀疑。我害怕自己再也无法在这个行业中找到适合自己的位置了！

"之后的几年，我又尝试了转岗到'商务'、'运营'等岗位，但是再也找不到当初转岗到项目经理时的那种'满是幸福'的感觉了。

"虽然经过了兜兜转转，我现在的公司、职位、薪水在外人看来还都算不错，但是只有我知道自己每天都在经历着怎样的煎熬。

"十年间，每一次岗位的转换，仿佛都在告诉我前一次的选择是错误的，而当我发现新的岗位上更多的都是些年轻的小朋友的时候，我又会时时刻刻担心自己被公司淘汰掉。

"这种不自信、提心吊胆的感觉特别糟糕。以前这种感觉还是偶尔出现，后来慢慢地变成每天都会有。到现在，我会从每周日晚上开始，心里就慌慌的，而且觉得头很疼，这种感觉会一直持续到每周五下班后。Vivian，我真的不想再这样下去了，请你帮帮我！"

他描述的这个过程对我来说，实在是太熟悉了。

在我的客户当中，有很多都是互联网行业的白领和高管。在这个热点快速转变、技术日新月异的行业当中，背负着这样心理负担的人不在少数。

其实对他们来说，能在历次的变革中走到今天这个位置，这足以证明他们之前一步步的选择和积累都是正确和有效的。

既然之前做的都是对的，现在的结果又都还不错，那为什么他们还会如此焦虑和彷徨呢？是不是他们的能力真的不够？但如果是这样的话，他们应该是被淘汰的那批人，而不是现在屹立不倒的这批人。那既然他们是被事实证明的"有能力的人"，他们为什么还会如此不自信呢？

其实，他们的不自信源于太过强烈的危机感，这些极端的危机感源于他们太过消极的思维和判断。而他们的状态和情绪之所以这么消极是因为他们的身心太过疲劳，没有能量保持自己的积极能动的状态。也就是说，他们的不自信并不是他们本身的实力不高或者努力不够，恰恰相反，其根源是他们从来都不允许自己休息！

难道"勤奋"也是错吗？

诚然，"勤奋"是好事！但是"过分的勤奋"，不允许自己有一丝一毫的放松和休息，时间长了，势必会造成心理上的疲劳。当心理上已经太疲劳了就容易产生厌烦、松懈的情绪，就会失去斗志、失去朝气、失去应有的弹性。

对于任何新事物的学习都是需要足够的热情才能够完成的。当一个人心理极度疲劳的时候，在碰到新的事物时，那么他本已消耗殆尽的能量在新事物的学习面前一定是处于疲于奔命的状态，结果对于任何的新事物，这个人就不会积极地迎接和学习，而是消极地拒绝和逃避了。

所以，不论一个人的能力有多强，如果他不能做到适当的休息和调节，一直打持久战，那么总会有一个时间点是他精力耗尽、热情耗光的时候。在那之后，对于任何的挑战和机会，他都不会去积极拥抱，而是消极逃避，并且会随之产生各种不良情绪和判断。

我们用这个理论来分析一下William，来看看他是如何从积极拥抱新事物，到被迫应付，到最后的焦虑拒绝的。

正如William所说，从码农转到项目经理，他是有着满满的干劲和幸福感的，为什么呢？因为那个时候，他刚刚大学毕业，刚刚从"学生状态"转换到"职场人状态"，体内储备了满满的能量。对于任何新的事物，他都会像一块干海绵一样如饥似渴地吸进每一个水滴。所以，那个时候新事物对于他来说就代表新的机会。因此，他对于新的事物是持一种拥抱的、积极的态度的。

在他如愿以偿地做了项目经理之后，虽然享受了一段时间志得意满的感觉，但是因为眼界不一样了，他感受到了强烈的危机感，所以就开始强迫自己要不断工作、不断努力，不再允许自己有丝毫的懈怠，更不要提休息了。

这就好像一块已经吸了水的海绵，只允许自己长期在水槽里面浸泡着，不允许自己到太阳下面晒一晒、享受一下阳光和鸟鸣声。如此持续下来，到了下一次换到一个新的水槽里的时刻，这块海绵的吸水能力就会大打折扣。这时，我们便可以理解，后面几次的转岗对William来说为什么越来越困难、越来越痛苦了！

直到最后，这个海绵里的水已经趋于饱和，不能再吸进更多的水了，这个海绵必定会开始怀疑自己的吸水能力，并且对于新的水槽会产生莫名的恐惧。这也是为什么，始终不放松自己、不让自己休息的William会开始产生自我怀疑、焦虑、消沉和紧张了。

"一张一弛，文武之道！"对于看这篇文章的你来说，想想看，在过去的几年中，你已经放弃了多少天的年假了？你已经有多长时间不曾让自己远离工作、邮件和钉钉了？你自己内心里的那块海绵是不是也已经饱和了呢？

如果你现在也会如William一样，时不时地对自己的能力、选择、前途产生怀疑，甚至有焦虑、消沉和情绪不稳定。别紧张，不是你遭遇了"中年危机"，不是你到了"更年期"了，只是你内心当中的那块"海绵"已经饱和了，你需要做的只是允许自己放松一下、喘口气，把那块"海绵"放在太阳底下晒一晒。等到"海绵"脱离饱和状态之后，再把它放到新的水槽中，它必定会积极兴奋、如饥似渴地吸收水分和养料！

大公司 vs. 小公司

如果我问你："你会选择在大公司工作，还是在一个刚刚起步的创业公司工作？"你会怎么选择？

如果我问你："你是一个女性，是会选择在大公司工作，还是在一个刚刚起步的创业公司工作？"你会怎么选择？

如果我问你："你是一个40岁的、两个孩子的妈妈，是会选择在大公司工作，还是在一个刚刚起步的创业公司工作？"你会怎么选择？

如果我问你："你是一个40岁的、两个孩子的妈妈，你所在的大公司正在一批批地裁员，你是会选择继续留在这家公司工作，还是跳槽到一个刚刚起步的创业公司工作？"你会怎么选择？

How to make hard decisions？（如何做出这个艰难的抉择？）

这一天，进入到我咨询室的是一个互联网公司的高管，刘刘。她今年已经到了不惑的年龄，并且是两个孩子的妈妈。

刘刘从研究生毕业，就进入到了这家互联网企业，一直做到了今天。

因为她人很聪明，又很勤奋，很快便在工作岗位上脱颖而出，一步一步打拼到了今天的这个职位。

随着职位越来越高，她感到了越来越多的"力不从心"。

这个"力不从心"并不是她工作能力不够所导致的，而是因为公司的规模越来越大，决策任何一件事情的时候需要"投赞成票"的人员越来越多，致使她在推进任何一个事情的时候，需要花费的精力和受到的阻力都呈指数级的上升。慢慢地，她开始怀念刚加入公司之时可以快速得到反馈、做出决策的时光。

刘刘在行业内的口碑一直很好，有越来越多的公司想把她挖走，这其中就有很多处于起步阶段的创业公司。

一开始，这些公司接触刘刘的时候，刘刘都不为所动，毕竟这是刘刘毕业后的第一份也是唯一一份工作，公司之于她就像家一样，而她对公司除了有无比的忠诚度，更多的是一份类似于亲情的留恋。

但是最近一段时间，因为业务方向的调整和部门间资源的整合，公司开始一拨一拨频繁地裁员。虽然裁不到刘刘的头上，但是每一次刘刘和自己团队的员工做离职前谈话的时候都要难过很久。刘刘对公司的依恋和感情就在这一次次的离职谈话中被渐渐地打磨掉了，取而代之的是更加冷静的思考和更加迫切的危机感。

刘刘对我说："Vivian，我是两个孩子的妈妈。我不想让我的孩子们看到我这样'温水煮青蛙'似地凑合着。我想让她们懂得在人生的任何时候都需要奋进和拼搏，所以从现在开始我认真地考虑跳槽的事情了。

"但另一方面，我毕竟已经40岁了。如果我跳槽到一家新公司，要重新适应所有的环境，忙碌和加班是难免的，那我就没有足够的时间来陪伴老公和孩子们了。

"我犹豫要不要跳槽，其实还有另外一个原因，那就是收入！现在，我拿着年薪，年底还有股权期权的分红，绩效奖金也很可观，以我现在的收入能够给孩子们带来很不错的生活质量。

"如果我跳槽到创业公司中去，那收入是很不稳定和不可预测的。我实在担心我的一个选择会降低整个家庭的生活质量！

"我实在不知道自己该如何选择，是继续待在现在的公司享受着还不错的薪水和待遇，还是跳槽到一个初创公司，大展拳脚创造出一片更广阔的天地？"

很多在职场上打拼了多年的精英们都会有和刘刘一样的"选择障碍"：自己正做着一份还比较满意、比较舒心的工作，但是外面有更具诱惑同时也存在很大风险的机会。面对这种情况，你会如何做出判断和选择呢？

你会不会也像刘刘一样拿出一张A4纸，写下满满的利与弊，并试图通过综合考虑这些因素来好好分析利弊，以便最后做出一个最优的选择？那么，在充分分析利弊得失之后，能够做出最优选择吗？

大多数人都有的经验就是列出的条目越多，分析出来的结果就会越纠结，之后就会逼迫自己想出更多的条目。但是，更多的条目就意味着更复杂的利益牵制，结果思考的时间越来越多，而整个人却越来越纠结。

所以，针对艰难抉择列出利弊，看起来是最符合逻辑的办法，但在实际操作过程中却无法帮助我们做出最优选择，为什么？

对于这一类艰难抉择，它的后果其实都是不可预测的。如果后果未知，如何对比两种选择的优劣？如果没法比较优劣，怎么可能选出"最优"的那个呢？

可能有的人会说，在后果未知的情况下，通过一定逻辑的思考，我仍然可以做出选择呀，而且这些选择的结果还不错呢！

其实，很多人费尽心思地思考后，做出的自认为是"最优"的那个选择，实际上是"最安全"的选择！也就是说，哪个风险小，他们会选择哪一个。既然是安全的、风险小的选择，那么结果一定不会差到哪里去。并且，这些人在做出了选择之后，还会给自己"创造"一些理由来让自己相信，这个是最优的选择。

你会不会觉得我在强词夺理呢？让我们来看一个很简单的"最优 vs. 最安全"的选择的例子。

比如今天的早饭，你可以选择吃馒头，也可以选择吃糖油饼，你怎么选择？

从健康的角度出发你肯定会选择吃馒头，但是从解馋的角度来说你一定会选择糖油饼的，对不对？

那么请问，你最后将会怎么选择？对于这顿早饭，到底有没有最优选择呢？

如果你选择了馒头的健康就要放弃糖油饼的美味，但是如果你选择了糖油饼的美味就要放弃馒头的健康，所以不管你早饭选择吃什么，其实都不是"最优选择"，而是相对于你自身需求来说是"最安全的选择"。

于是，当你决定早饭吃馒头时，你就会因为自己的选择再给自己制造一些理由，比如"馒头热量低"、"做馒头对环境污染少"、"吃完馒头嘴里不会有味道"等来让自己相信你已经做出了最好的选择。所以说，在艰难抉择面前如果按照利弊这个分析思路，你要么得不到结果，要么得到的是"最安全的选择"。之后，你再为这个"最安全的选择"制造更多的理由来骗自己相信"这个是'最优选择'"。

"馒头和糖油饼"的选择，说白了就是简化版的"留守和跳槽"的选择。所以，对于这一类选择，你从来就不可能在事前做出"最优"的选择。

竟然没有"最优选择"？！那怎么办？你应该怎么选？答案是听从你内心的那个声音！

是我们要去解决问题，而不是让问题来"解决"我们。在面对这类艰难抉择时，我们之所以会有选择障碍、会焦虑、会被动，不是我们考虑的范围不够全面，而是我们考虑问题的顺序彻底地本末倒置了！

针对这类艰难抉择，你通常是用什么样的顺序来考虑的？是不是针对每一个选择都采取以下的三步走：一是充分考虑它给周围的人、事、物带来的影响；二是把有利和有弊的结果综合起来考虑；三是做出你的决定。

这种考虑思路，简单总结起来就是由"结果驱动"的，由给"外界"带来的影响来决定自己"内在"的选择。这种"由外而内"的决策方法是大错特错的，它只会帮助你做出"最安全"的选择！

正确的思考顺序不是"由外而内"，而应该是"由内而外"的！

你应该这样做：第一点，最先关注到自己到底想要什么；第二点，在知道自己内心真正想要什么了之后，再来考虑如何把这个选择的积极作用充分发挥出来。

当你的决定在满足了自己之后，你才有充盈的能量去满足和温暖周围的人。这种"由内而外"的思考顺序，才是让自己不后悔，让周围人幸福，"你好、我好、大家都好"的思考方式。

从今天起，面对所有这些会对自己、对他人产生重要影响的艰难抉择，扔掉那种貌似"顾及他人、考虑周全"的"由外而内"的思考方法吧，勇敢地使用这种貌似"自私自利、鲁莽冲动"的"由内而外"的决策方式。你会发现，思维方式的改变，真的可以导致整个人生的转变。

蒙眼狂奔还是清零重启？

所谓男怕入错行，女怕嫁错郎。但是，对于追求自我价值感和存在感的现代人，其实人人都怕入错行。到了人生的某个阶段，很多人又会觉得自己现在做的和自己的梦想完全不一致，该怎么办？

Monica已经在一家互联网公司的供应链团队做了5年，最近找到我想预约催眠。她说她现在需要通过催眠来搞清楚自己的职业兴趣点到底在哪里。

Monica说："Vivian，我从小到大的人生发展如果用一个词来概括，那就是'阴差阳错'！

"我从小学习乐器，上学的时候一直参加学校的乐团，本想高中毕业后考入专业的音乐学校，结果却上了一个普通大学的艺术系！

"从艺术系毕业后，我本来打算加入交响乐团成为一名乐手，结果我又阴差阳错地进入了某通信公司的大客户部——只因为这个公司要组建自己的乐团！

"我这个'飘逸'的性格，实在和大客户部那种'稳重'的地方不搭，所以干了一段时间我又阴差阳错地跳槽到了现在的互联网公司，开始做供应链！

"我已经做了5年的供应链了，但是越做我越觉得这个工作不是我所喜欢的，我对这份工作真的是没有激情！

"你知道吗，我其实很喜欢服装设计！小的时候，我就喜欢在纸上涂涂画画，给娃娃们设计各种各样的衣服，直到现在我还会拿一些纱巾、小装饰品什么的给芭比们做衣服呢！

"我觉得自己从小到大都没有机会根据我的兴趣和意愿去选择我的人生方向，这次我想自己做一回主！我不想再做什么供应链了，我要转行做服装设计师！"

看着Monica越说越兴奋，我开始问道："你是说你打算转行做服装设计师？"

Monica说："是的！"

"你有这个转行的想法多久了？"

"大概有两年了！"

"在这两年中，你为了能够实现自己的转行都做了什么？"

"没有做什么……"

"如果想转行，你觉得你需要具备哪些条件？"

"我没有考虑过……"

"你想用多长时间完成转行？"

"这个……"

"你找我做催眠预约，是希望通过催眠来帮你搞清楚，你到底想不想做服装设计师？"

"是的！"

"但是我听你刚才描述的过程和神情，你好像很确定自己从小的梦想就是做一名服装设计师？"

"对对，你说的对！我连做梦都会梦到自己有一个工作室，在那里我可以安安静静地设计服装。"

"你如此确定你的梦想，但是在两年当中你没有做过更深入的思考，也没有制订进一步的行动计划和方案？"

"是的，我总觉得自己虽然很喜欢做这个，但是我一没基础二没积累，总觉得转行是不太可能的，可是我真的很喜欢服装设计，又放不下这个梦想！"

"所以你找我，与其说是要我帮你找到职业兴趣点，不如说是需要我帮你提高行动力，让你能够一步一步地把梦想变为现实？"

"哦，你这么一说，还真是的！我一直有这个梦想，但是一直没有行动。你说，我是不是有很严重的"拖延症"呀？"

是的，这样看起来Monica是有"拖延症"，但实际上她的"拖延症"又和我们每个人每天所体验到的"拖延症"是不同的。确切地说，Monica是有"梦想拖延症"！

让我们先来看看"拖延症"吧，其实普通的"拖延症"大家或多或少都经历过。

针对从小到大的各种考试，不论你提前多久知道考试时间都是没用的。因为当你打算按照制定好的"复习时间表"来看书的时候，你的"拖延症"一定会同时发作，结果你一定会拖到截止日期前一周的时候开始疯狂啃书本。

研究生毕业前需要发论文，你本来应该提前一年就开始准备的，结果"拖延症"发作，一定要拖到截止日期前两周，每天只睡三个小时，终于在最后一分钟的时候把论文投出去了。

老板们要的PPT，你本来应该提前半个月就开始做的，结果"拖延症"发作，一定要拖到截止日期前六个小时才开始动手。

为什么？为什么"拖延症"总会如期发作呢？

从心理学上讲，每一个人的人格组成可分为三个部分：本我、自我和超我。本我，遵循"快乐原则"；自我，遵循"现实原则"；超我，遵循"道德原则"。人的外在行为，就是这三个原则互相作用和妥协的结果。

在"拖延症"发作的时候，就是"本我"即"快乐原则"在玩命发挥作用的时候。

"别复习啦，还是去打场球吧！""别研究文献啦，还是去和朋友聊聊以后的发展方向吧！""别忙着写PPT啦，还是先把情人节的礼物看一下吧！"

那为什么尽管有"拖延症"发作，最后事情还是没有被耽误呢？因为存在一个"警报器"。当这个"警报器"开始报警的时候，"自我"就会开始工作，"自我"的风头压过了"本我"，"现实原则"战胜了"快乐原则"，事情就得以被执行。这个"警报器"就是每件事情预设好的截止日期。

"要开始复习啦，距离考试只有七天时间了！""要开始读文献、整理数据、准备论文啦，距离投稿截止日期只有两周时间了！""要开始整理信息写PPT啦，距离大老板的会只有六个小时了！"

既然"拖延症"是这样一个工作模式，那么"梦想拖延症"是不是也一样呢？答案是：一样，又不一样！

之所以说"一样"，那是因为"梦想拖延症"是发作还是消失一样也是由"本我"和"自我"的力量对比来决定的。

之所以说"不一样"，那是因为在"拖延症"发作的事情上总有一个预设的截止日期在客观存在着，而在"梦想拖延症"所发作的"梦想"上面是不存在截止日期的！

也就是说，对于普通的"拖延症"而言，事情总会被执行的，其根本原因就是不管"本我"闹腾得有多欢，一旦临近截止日期的时候，"报警器"就会触发"自我"开始工作。在"现实原则"战胜"快乐原则"后，事情就会被执行，目标就会被达成！

而对于"梦想拖延症"来说，梦想是属于"未来"的，是不存在任何预设的截止日期的，没有截止日期就意味着没有"报警器"，所以"本我"可以一直为所欲为，不需要顾忌有"报警器"来触发"自我"工作，那么这个人对于梦想就一直在运用"快乐原则"来享受着和对付着，而不会感受到"现实原则"的制约和驱动。于是，就会有人一直沉溺于美妙的梦想而从不采取脚踏实地的行动。

那对于貌似是"绝症"的"梦想拖延症"有没有解药呢？有的！解药就是这个截止日期！我们要人为地设置一些截止日期。

用这些"人工报警器"来触发"自我",战胜"本我",采取有效行动来实现梦想!

对于想转行做"服装设计师"的Monica在做完催眠后,她同样也设置了一些"人工报警器"。比如"在2017年9月前,完成服装学院的服装设计系的报名","一年内,完成服装设计系的学业学习","每个季度为自己设计并制作出一件成衣",等等。

在具体执行的过程中,她的"拖延症"依旧会发作,但是因为已经为自己设置了"人工报警器",所以她的"自我"总会适时地被唤醒,协助她如期完成整个计划。

你的梦想是什么?它的实现进程你满意吗?如果不满意的话,是不是该调整你梦想的"人工报警器"了呢?

愿每个人都能享受到"梦想成真"的喜悦,因为那个感觉真的很美妙!

要生子,还是要升职?

佳佳,曾经是互联网公司的一名资深HR。后来她怀孕了,妊娠反应很大。老公看她每天太辛苦,就劝她把工作辞掉,安心在家待产。

于是,佳佳就甜蜜地把工作辞掉了,在家安心养胎。

她在家一待就待了三年半——从怀孕一直到宝宝准备要上幼儿园。本来佳佳打算等宝宝一上幼儿园，自己就出去工作的，结果刚把宝宝送到幼儿园没几天，佳佳突然发现自己又怀孕了！

佳佳找到我，对我痛苦地说："Vivian，我这次怀孕和上次一样，有很严重的妊娠反应！不过我这次找你，并不是想像上次怀孕一样预约'催眠减痛'来缓解我的妊娠反应，而是想让你帮我搞清楚我内心中到底想不想要这个孩子！

"你不知道，我在家的这三年半都快被憋死了！虽然每天能够陪伴孩子很幸福，但是你知道吗，那种没有存在感的日子，那种只能用孩子的成就来标志自己的价值的感觉，糟透了！

"本来我想着孩子终于上幼儿园了，我可以出去工作，可以重新体会到自己的价值感了，结果突然发现自己又怀孕了，内心真的很矛盾！

"一方面，我觉得我真的不想要老二了。如果要了老二，就意味着我又要在家待上三年多的时间。我知道我现在的情绪和状态已经很不稳定了，有时候我难受的时候往那里一坐，我家老大都会跑到我身边哭。如果像我现在这样的心理状态要了老二，我的情绪肯定会更不稳定的，那么老大和老二的情绪和性格也都会被我影响到的，没准以后连他们的婚姻关系都会被我这坏脾气影响到呢！

"但是另一方面，我觉得我得要这个老二。我老公和婆婆已经明确表示了他们想让我生下这个孩子，并且家里所有的亲戚都在劝我生下来，说"如果打掉的话，这个年纪就不好再怀上了"。特别是我爸爸还跟我说，如果我敢把这个孩子打掉，他就不认我这个女儿了！我真的感到非常害怕，我怕我的一个决定，会惹得全家人都不高兴。你说，这个老二，我到底该要还是不该要呢？"

对于这么重大的一个决定，我真的无法替她做出选择。

佳佳的现在是她三十多年的人生经历的积累，而她要做的决定所涉及的周围的人又是他们各自人生经验的积累。而我，一个只陪伴过佳佳十个小时的人（前一个疗程的催眠，前后共进行了十个小时），完全不可能完整地了解佳佳所经历过的三十多年以及她周围的所有人的历史，还有她和他们之间的相互关系，继而帮她做出一个正确的决定。

但是，我能做的就是做好一个职业催眠师的本职工作，引导她找到自己内心深处那个真实的想法。

从催眠师的角度来看，每个有选择障碍的人都不是内心当中没有选择的，只是他暂时搞不清楚自己内心的选择，所以脑子里会纠结和混乱，以至于无法指导自己的策略和抉择。或者用心理学的词语来表述就是他的"意识"搞不清楚他的"潜意识"到底要什么，所以"意识"无法有效地指导行为。也就是说，他的"意识"和"潜意识"之间不小心短路了。

作为一个催眠师，不是要给他的意识当中植入什么想法或者做出什么暗示，让他觉得"我是要这个"或者"我是要那个"，而是帮助他让他的意识和潜意识可以重新通畅地沟通。当意识和潜意识可以很好地沟通了，大脑就可以知道内心的真实想法了，他自然就可以做出自己想要的决定了。

对于佳佳，也是这样的。她的大脑，不是逻辑不清，也不是分析不出来两种选择各自的利与弊。实际上，她已经分析过无数遍了，列举出了人类大脑所能想到的所有"要孩子"和"不要孩子"的后果与影响，所以就算再多一个我来帮她的头脑进行分析也只是徒劳，因为那只会重复给出她已经分析出的结果。

而她真正需要的，是让她的头脑听到她内心当中的那个声音。她不再需要别人告诉她，怎么继续自己的人生。她需要的，是遵从自己的意愿，去把握自己的下一步。

就这样，我在不进行任何暗示和劝说的情况下，平平静静地给她做了八次催眠。

当第八次催眠做完后，她突然告诉我："Vivian，我知道了，我是想先找到自我价值，再谈我能给周围人带来的价值。我要出去工作，我不要再窝在家里自怨自艾了！如果我连自己现在的快乐都不能给予，怎么会有能力给予我的孩子和老公更多的幸福，怎么会有能量把幸福和快乐辐射到我周围的呢？"

是的，佳佳说得很对。很多人都认为"牺牲小我，成全大家"，那才是应该做的事情。所以，他们会在做"二选一"的选择的时候，把所有人的利益都考虑到，然后给每个人的利益赋予几乎相同的权制。这样加权求和算下来，两种选择的结果几乎是一半对一半，结果只能让他们更纠结。这也是为什么佳佳之前考虑了那么久都无法决定她到底是"继续放弃工作，要老二"还是"放弃老二，出来找工作"。

在做重大决定之前，考虑所有人的利益难道错了吗？没有错！但是在所有人的利益中，权重不是应该平均分配的，那个属于自己内心的想法应该占最多的权重，这样加权求和下来才有可能出现偏向性的结果，继而通过结果做出决定。

也就是说，在做一个决定的时候，只有先满足自己的幸福感和价值感，你才有可能让充盈的自己带给其他人幸福感和价值感。你只有让现在的自己高兴了，才有可能谈到给自己一个积极的未来。

大家通常说的"享受当下"其实就是这个道理。很多人都想做到"觉知当下"和"活在当下"，但是落实在具体行动上都不知道该怎么去执行。所以在这里，我干脆直白地告诉你要做到"享受当下"就要让你的任何一个决定、让你这一刻的自己觉得幸福、快乐和满足。这样你在这一分钟得到满足了，你才能有足够的能量追求下一分钟的自由、成长和蜕变。

你，作为一个新时代的知识女性，知道该如何做出选择了吗？

为职场受挫而轻生，至于吗？！

"Vivian，麻烦你把今天下午已经订下来的预约全都取消，所有的费用和赔偿由我们公司来负担。你马上来我们公司一趟，我们有一个员工要自杀！"——这是一天中午，我接到的一个HRD（人力资源总监）的电话。

等我来到他们公司的时候，HRD的助理已经早早地在公司大堂等我了。

在等电梯的这段时间里，我大概了解了一下事情的经过：昨天早晨，公司的HR以及各部门经理和一部分员工沟通了公司战略调整以及裁员的消息。这个要自杀的女孩Eva就在裁员名单里。上午沟通完，Eva的状态并没有什么异常，而且也顺利地完成了合同签字等所有的流程。但是今天早晨她到公司不久后就说她不想活了，没脸见人了，要自杀！

公司的HR陪着她，并尽量安抚她的情绪。后来Eva说，她几个月前刚确诊了抑郁症，自己要求去医院做检查。于是，HR便陪着她去了安定医院。

在安定医院的急诊大厅候诊的时候，Eva的情绪变得越来越不稳定，时而大哭，时而气愤。医生检查后，除了开药，还建议当天就住院。但是Eva坚决不同意住院，连吃药也拒绝。HR没有办法，怕硬来会更加刺激Eva，所以只好偷偷给我打了电话，让我迅速来公司，给Eva进行专业的心理干预。之后，她就陪Eva回到了公司。

我见到Eva的时候，她正安静地躺在休息室的床上，闭着眼睛，一动不动，有两个HR在旁边陪着她。看得出来，公司所有的HR都没有经历过这种事情，从HR的眼睛里，我看到了深深的不安和恐惧。

其中的一个HR向Eva简单地介绍了一下我，然后我就把话茬接过来说："Eva，我是Vivian。我不清楚到底在你身上发生了什么事情，也不清楚我是不是能够完全理解到你的感受。我来这里只是以一个'职业催眠师'的身份来协助你平复好你的情绪，没有想要劝说你怎么做或者安慰你。其他的发生在你身上的事情或者你的感受，你可以选择和我说，也可以选择自己做主。

"如果你现在想闭着眼睛，让我给你一些时间是完全可以的。我会在休息室外面的椅子上等你，等你觉得你可以尝试一下催眠的时候出来找我，好吗？"

说完，等了几秒钟，看Eva没有点头也没有摇头，我就从休息室里出来，在门口的椅子上坐了下来。

过了一会，门开了，Eva走了出来对我说："对不起，Vivian，让你久等了，刚才我的状态不好。现在麻烦你进来帮我调节一下情绪吧，谢谢！"

面前的这个彬彬有礼的Eva和刚才HR所描述的那个又哭又闹的疯狂的Eva是完全无法重合到一起的。但是，我知道越是这样越代表着她需要我的帮助。

我走进休息室里和她进行了大约5分钟的催眠前沟通后，催眠就正式开始了。催眠过程完成后，Eva缓缓地吐了一口气，对我说："Vivian，我能和你聊聊吗？"

听到这句话，我身边的HR大为吃惊。她们事后和我说，陪伴Eva的这多半天，Eva和她们是零交流。所以，对于Eva主动提出要和我这样一个陌生人来沟通，她们觉得很诧异。

在Eva要求HR们回避了之后，开始和我这样描述了她自己的情况："Vivian，我曾经是一个很优秀的人。我高考的时候是保送到大学，并且是本硕连读。毕业后，我顺利地进入到了心仪的公司。之后，找到了我的真爱。之前的一切都是那么顺利，当时的我是那样的优秀！

"但是，大约半年前，我被检查出有一些妇科疾病。在做治疗的过程中，被告知可能不能生育了。当时我真的很难接受。你想，我一个还没结婚的人，就被告知有可能不能生育了，那是一种什么感觉！

"妇科疾病的治疗做完了之后，还需要吃一段时间的药，而那个药会产生'更年期'似的副作用，也就是出现激素变化，情绪波动等。

"果然，在服用药物的两个月的时间里，我的情绪波动越来越大，经常会沮丧、大哭，等等。我那会儿很清楚地知道我需要心理调节，所以我去了心理科看病。心理科的诊断是：抑郁症，需服用药物。

　　"其实那一次确诊后，我并不忌讳服用精神类药物。因为我知道，生病了就要吃药，不论是身体上的还是心理上的。而且我觉得，只要我好好吃药，好好自我恢复，我一定会好的。

　　"等我觉得自己快恢复好了的时候，男朋友突然提出要和我分手！我在快30岁的年纪突然成了一个没人要的人，当时我的状态一下子又变得不好了！果然，在我下一次去心理科复查的时候，被要求增加药量。

　　"就这样又吃了两个月的药，当我又觉得自己快要好了的时候，突然又被公司通知要把我裁掉！昨天一天，我都是懵懵的。我曾经的骄傲和自信都跑去哪里了呢？为什么我的身体会出问题，心理会出问题，感情会出问题，连工作也会出问题呢？

　　"Vivian，我真的不想给公司添麻烦，也不想给你添麻烦，但是我真的不知道该怎么办，我觉得自己被全世界遗弃了。我想不通，我喘不过气来，我不想活了……"

　　你会不会觉得"这个叫Eva的小姑娘，还本硕连读，还奖学金，还优秀员工呢……一遇到裁员就自信受到打击，以至于要自杀？！一看就知道是之前经受的挫折太少了！'裁员'才多大点儿事呀，就这么一个不如意，至于要死要活的吗？"

　　其实，在我看来，Eva的这个状态就是一个压力迅速叠加导致情绪崩溃的典型案例。现在就这个案例，让我们来重新认识一下"压力"。

关于压力的产生和工作方式，作为心理学领域里"情绪认知理论"代表之一的拉扎勒斯（Lazarus）是这样认为的："情绪是人与环境交互的产物。环境中的刺激事件可以影响个体，个体也可以调节自己的反应，反作用于刺激事情。情绪与认知的关系密不可分，情绪是个体对环境或刺激事件知觉到有害或有益的反应。当这种知觉被个体解释为外界环境或刺激事件超出自身已有的资源，并可能使自己身心健康受到威胁或挑战时，个体就会产生压力。"

很多人都知道压力的存在，而且很多人都会觉得自己的压力水平其实还不错，比如，工作方面的压力、家庭方面的压力、感情方面的压力、财务方面的压力都还可以。但当你前一分钟还觉得自己的各方面的压力还可以的时候，下一分钟就会有一件小事突然会引爆你的情绪。好像在刹那间，你的状态就彻底变了，人变得很焦虑、脾气很大、不满很多、耐心很少……

所以，在很多人看来，压力似乎是在不受控的情况下，悄悄地以"瞬间由0变成100"的形式来积累和爆发的。这种"不受控"的感觉更增加了人们的"无力感"，导致了更多的"焦虑"，形成了情绪和状态上的"负反馈"！

但是，你知道吗，这种通常所认为的"压力的工作方式"是错误的，而这个错误就来自于对于"压力的存储机制"的错误理解。

压力的存储，并不是按照"分类存放"的规则。工作当中的压力，就放到"工作"的抽屉里；感情的压力，就放到"感情"的抽屉里；健康的压力，就放到"健康"的抽屉里。实际上，所有的压力都会被扔到一个垃圾筐里面，不搞什么分类回收，统统不加区分地堆积在里面。

当筐里面的垃圾开始冒尖儿了，就是脾气显得越来越不好的时候了。接下来就会出现，往垃圾筐里扔一个很不起眼的垃圾都会导致很多垃圾开始往外滑落甚至是飞溅出来的情况。在生活中也就表现为本来整个人看起来好好的，但是因为一点小小的、不重要的事情突然就引起整个人情绪的大爆发。

不明白的人可能还会想就这么点小事，不至于呀？！是的，表面上，只是这样一件小小的事情就导致了他情绪的全面爆发。而实际上，在情绪爆发前，那个垃圾筐里面已经被各种各样负面情绪的垃圾堆满了。

也就是说，引爆这个不良状态的不单单是最后这个"小事情"，而是一段时间以来，已经积累了太多"不起眼"的压力。就像你吃了五个馅饼感觉自己吃饱了，但这并不意味着是第五个馅饼让你饱的，而是你前面吃了的那四个馅饼在做贡献呢。

回到Eva这个案例上来，乍一看，这只是一个"成长过程当中太过顺利"的小女孩在经历一次"裁员"的挫折后引起的心理脆弱、情绪崩溃、自信系统坍塌，但是在我看来这是Eva在短时间内连续经历了身体、精神、情感、工作等叠加起来的挫折和压力后所产生的爆发性的急性后果。

所以，对于职场中的每一个人，对于上有老下有小的这个状态，对于面临职业上的发展天花板和年龄上的中年危机，不要轻视你心里的负担，也不要夸大自己的承受能力。要像你每天出门前都会问自己"手机和钥匙带了吗"一样，每天在睡觉前也要问问自己"我今天白天积累的压力都清理干净了吗"。只有时时保持自己垃圾桶里的情绪垃圾位于警戒线之下，你才有可能承受更多、做得更多！

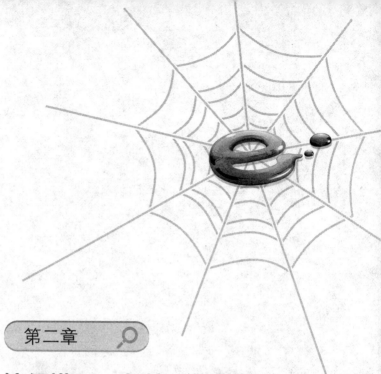

第二章 🔍

搞得懂AI，却搞不懂爱情

关心他，而不要控制他

面对爱情，为何我总是先说"不"

距离会伤害爱吗？

有一种失恋叫"草莓正当季"

吵完架，我想让你这样哄我！

关心他，而不要控制他

雪雪对我说："Vivian，我越来越受不了我男朋友了，我觉得他的大男子主义很严重！"

雪雪，30岁，某互联网公司高管，曾经因为压力过大和情绪不稳定约我做过催眠调节。在催眠的过程中，她几乎没有提及自己的感情经历，我对她男朋友的唯一了解仅限于他是某奢侈品牌的高管。

一个疗程的催眠已经做完。这一天，她突然要再次预约我的时间，做有关情感方面的心理咨询。

她说："在工作中，我们两个人都是手下带着几百号人团队的老板。可能因为各自的工作习惯，才导致了他在生活中的大男子主义，也导致了我这么受不了他的大男子主义。"

我说："那你给我描述一件他'大男子主义'的事情吧。"

她说："比如，那一天早晨他有个很重要的会议要开，可距离会议开始只有四十几分钟时间了，他还在家里不紧不慢地洗澡呢。我怕他耽误了会议，好心过去提醒他'你快点，别迟到了'。他竟然一点都不感谢我善意的提醒，反而甩过来一句硬邦邦的'我自己知道！'。"

"所以，当时你感觉很委屈？"

"是呀！我是因为关心他才去提醒他的，换成别人，我才懒得管呢！你说他怎么这么不顾及我的感受，一句冷冰冰的话就扔过来了。这么大男子主义，我真的受不了！"

"哦……那你提醒他的那天，他最后迟到了吗？"

"没有！"

"那他以前有过管理不好自己时间的时候吗？"

"没有，他的时间一直都管理得挺好的。"

"所以你明知道他对于'时间'很有谱，还要巴巴地过去提醒他？或者，我该说你是'多余'地过去提醒他？"

"呃……好像……是这样的……"

"那我问你，当一件事，你已经做得很到位了，但是还有人过来提醒你，你会是什么感觉？"

"哦……我会觉得……那个提醒我的人不信任我。我会觉得那个人很烦！别说，有时候我在父母家住，早晨洗脸抹油的时候，我妈妈经常会提醒我'快点，快点，司机都在下面等着了'。那样，我就会觉得很烦，甚至会故意慢一些！"

"对呀，就是这个道理呀！那现在，我们来看看你男朋友的这件事。他的时间一直管理得很好，你还过去提醒他，导致了他的情绪变化。你现在告诉我，这到底是他大男子主义还是你管得太多，管得越界了呢？"

"哦……你不说我还真没有意识到，原来我是在过度干涉他的事情，而不是适度地关心他。怪不得我男朋友当时会那么不耐烦！说真的，我以前最讨厌那种瞎操心别人事情的人了，怎么自己倒变成了这种人……"

其实，像雪雪这种"因为爱就越界"，而且还"越"得理直气壮的人不在少数。

有的男孩会因为太爱女朋友了，担心她在外面被骚扰，就不许她穿短裙、吊带、丝袜上街，这样的男孩子实际上是打着爱的旗号越界去强行限制女朋友的穿衣自由。

有些女孩会因为太爱男朋友了，担心他喝酒过多伤害身体，就阻止他参加各种应酬和朋友聚会。这样的女孩子实际上是打着爱的旗号越界去限制男朋友的交友自由。

有些妈妈会因为太爱女儿了，担心她嫁不好会不幸福，就百般阻挠她和男朋友的恋爱。这样的妈妈实际上是打着爱的旗号越界去限制女儿的婚姻自由。

有些爸爸会因为太爱儿子了，担心他没选好专业会影响之后的就业，就横加干涉儿子高考志愿的填报。这样的爸爸实际上是打着爱的旗号越界去限制儿子的选择自由。

……

但是，你会说了，我爱一个人，自然会关心他呀，这才会去考虑他的一些事情呀！如果我不再关心他了，那他会不会抱怨被我忽视了呢？

爱一个人，当然会关心他。但是，我们要注意的是"关心"而不是"控制"！如果过度了、越界了，那就不是"关心"，而是"控制"了！

这个"度"如何掌握？"关心"和"控制"的分界线在哪里呢？

其实，"关心"和"控制"的分界线，就是在我说完我的"完美"建议后，我能够接纳对方，依旧按照他"不完美"的方式去做这件事情。

"关心"的表现是：我在乎你，关注你做的事情，给你提建议。但是如果你不接受我的建议，我也不会有情绪。我允许你有自己的想法和自己的做法。

"控制"的表现是：我在乎你，关注你做的事情，给你提建议。但是如果你不接受，我就会很生气、很委屈、很受伤。在我殚精竭虑地替你考虑得这么周全之后，我不允许你不接受我的建议，我不允许你有自己的想法和做法。

爱一个人，就去"关心"他。你关心的越多，他感受到的温暖就越多，他离你就越近。

如果你想要吓跑一个人，就去"控制"他。你控制的越多，他感受到的压力就越大，他跑得就越快。

其实，两个人的交往就像跳交谊舞。两个互相牵挂着的人，相互伴随着、引导着、协调着。你上一步，我就退一步。你手里一个力道，我就知道我需要转个圈。你一个眼神，我就知道下一步的方向，把自己交到对方手里，并且自己对自己有完全的控制权，温柔且和谐。

而如果在舞蹈进行的过程中，你强制对方按照这样的舞步跳或者往那个方向移动，当对方不配合的时候，你会生气、动怒甚至和他撕扯起来，那样就不再是优美的交谊舞，而是蛮横的摔跤了。

当我们爱一个人的时候，请记住要用"关心"而不是"控制"。让我们和我们所爱的人一起把生活过成一曲美妙的"交谊舞"吧！

面对爱情，为何我总是先说"不"

小雪在第一次催眠的时候，对我说："我想让你帮帮我，我不想老怀疑我的男朋友！我之前交过两个男朋友，他们对我都非常好，但是我却总会多心。

"比如，随便一句话、一个眼神，我就会想他是不是对我不满意了……是不是要和我分手了……即使我知道人家对我好好的，还是控制不住地会这样想，之后就会生气、闹别扭。三次五次的，人家还会哄着我。但是时间长了，我老这样，人家烦了，最后就分手了。

"现在，我又交了一个男朋友。我真的很不希望同样的事情再次发生，请你给我做催眠调节一下吧，拜托了！"

你一定以为小雪是一个自身条件差一些的女孩子，她才会有这样的庸人自扰吧。

其实，小雪是一个漂亮的"90后"，别看她年纪轻轻，却掌管着家族产业的一大部分。可以说，她是一个高智商、高颜值的优质富二代。

别看小雪在生意场上雷厉风行、杀伐决断，像个女强人，但因为她从小生活在离异家庭中，所以对于爱情和婚姻，她有着无限的渴望。

对于她的原生家庭，小雪是这样描述的：

"我爸妈的婚姻很不幸福。小时候，他们经常会吵架，而我只能躲在自己的屋子里偷偷地流眼泪。

"慢慢地，我长大了，大概明白事情的原委了。其实是我爸在外面不断地喜欢别的女人，我妈就在家一哭二闹三上吊。刚开始我爸还会哄一哄我妈，后来看到我妈每次就会这些，就连哄都懒得哄了。

"我妈其实一直觉得我爸只是图个新鲜，所以才会换不同的女人。家里有奶奶做主，还有我这么一个懂事的闺女，应该不会出什么大事。但是没想到，我爸后来真的就因为一个女人和我妈提出了离婚。

"我爸提出离婚时说他可以净身出户，只要能和那个女人在一起。那时我妈每天以泪洗面，我发了疯似地想留住我爸，最后连奶奶都出马了。但任凭奶奶怎么骂我爸，他死活不肯再回我们这个家了。

"最终，我爸爸还是走了，给我们留下了大笔的财产，一个破碎的家和一个自怨自艾的妈妈……"

每次说到这里，我都看得到小雪眼里的那份恐惧、疑惑、心疼和不自信……

而小雪在每次分析自己的过往恋情的时候，当她每次说到由于自己的多心导致分手的时候，总会痛心疾首地问："我在其他方面都那么自信，为什么一到感情中我就会不自信了呢？"

听到这个问题，你会怎么回答她呢？

估计大部分人会说："小雪在感情中的不自信是源于她的'原生家庭'！她的离异家庭导致她对感情不信任，进而在感情中对自己不信任。"分析得对不对呢？对！有没有用呢？没用！

小雪现在想改变的是自己，她唯一能改变的也是自己。如果把她的问题归因到"原生家庭"，小雪又不可能重返童年去改变"原生家庭"，那小雪不就只能坐以待毙、孤独终老了？

我们在定位问题和解决问题时，用什么样的思维方式最有效？根据我的经验，我认为最有效的方式是不断地去探寻"对于这件事情，我带来的影响因素有哪些"以及"为了解决这个问题，我还能做些什么"！

那么，对于小雪"在感情中爱猜忌"的这件事，什么样的归因才能够帮助到小雪呢？我告诉小雪："其实，在你的潜意识中，你是想亲手杀死每一段的恋情！"（天哪，这是叫"帮助"吗？！先别着急，且听我往下说。）

"与其说你是没自信，不如说你是太自视过高了，不能接受自己失败。

"聪明如你，当每一段恋情出现一点点不和谐的时候，你都会在第一时间发现。而发现之后，你不是奋力补救，而是亲手把它毁灭掉。表面上，你是在猜忌和闹别扭。其实，你的潜台词就是'与其将来被你毁掉，不如现在我亲自动手'！"

她听完之后，愣愣地思考了很久，然后说："对呀，好像还真是你说的这么回事！我怎么从来没有意识到这一点呢！

"现在想想，我每次都会觉得与其让我男友以后把我甩了，还不如我现在就把他甩了！"

小雪的这种思维模式，在心理学上，称为"自我妨碍（self-handicapping）"。自我妨碍就是当一个人担心自己没有能力完成某项任务时，会故意地破坏这项任务的完成，这样他就可以避免面对自己的失败。

比如，有的学生会在某次重要的考试前放弃复习而与同学出去泡吧，如果他没有通过考试，他可以将失败归咎于自己不够努力而不是他的智商不行。

这种"自我妨碍"现象在"高自尊"的人身上尤其明显。"高自尊"也是一个心理学范畴的词汇，它和"自信"无关。"高自尊"的人，对自己的各个方面都持肯定态度，甚至有些评价过高，故而不容易接受自己的失败。如果被他发现，自己有任何失败的可能，那他宁愿选择是自己的破坏导致的主动失败，而不是"被"失败。也就是说，"高自尊"的人会经常主动地制造"不作死就不会死"的结果。

现在，小雪爱猜忌的原因找到了，而且她自己也相当认同。那接下来，她可以怎么做呢？

我给小雪的解决方案就是，当她再次猜忌的时候，要用"对的话"去和男朋友沟通。

什么是"对的话"呢？

既然小雪的猜忌是她自己无法控制的，那么她可以控制和改变的就是自己说出来的语言。

根据前面的分析，小雪猜忌的起因其实就是对两个人的未来不确定。与其消极地表达自己的情绪，不如提供给对方一个信号，让对方正面肯定地表达对自己的爱，这样小雪的担心自然就会消失了。

简单来说，就是当小雪再一次怀疑"他是不是对我不满意"的时候，与其说出破坏性的"你怎么老挑我毛病呀"，不如说出建设性的"请再告诉我一遍，你是爱我的"。

下一次催眠的时候，小雪高兴地对我说："你教我的那句话真是威力巨大啊！"

当她说这句话并且得到男朋友肯定答复的时候，她莫名其妙地就放轻松了。而且由于男朋友不断地重复这句话，她就像被男朋友"催眠"了一样，越来越坚定地相信他俩的爱情了。

对于她男友来说，以前小雪猜忌他的时候，他很紧张，不知道该做什么才对。而现在，小雪能够明确地告诉他该做什么了，他也感到很轻松。

你也在为自己的一些明知是"庸人自扰"但却"挥之不去"的担忧而苦恼吗？减少"消极情绪"的方法不是控制着自己不去想，而是找到一个正确的行为去释放，就像大禹治水一样，是"疏"而不是"堵"！

你，找到那个正确的行为了吗？

距离会伤害爱吗？

汪汪和她的男朋友已经交往一年了，用汪汪的话说："我之前交过几个男朋友，但都是以失败告终。通过之前失败的恋爱经历，我知道我最在乎的是什么，我可以妥协的是什么。

"我现在的这个男朋友，在我最在乎的所有点上面都可以完全满足我的要求，所以我觉得我和他真的很合适。他是我想要结婚、想要相守一辈子的那个人。

"可是随着交往时间的增长，感情的深入，我的一个担忧变得越来越强烈。每当我憧憬和他结婚的场景时，这个'担忧'就像恶魔的爪子一样，会在美丽的场景上划上一条条或深或浅的痕迹。

"不瞒你说，我俩是在一个朋友的聚会上认识的。我的根基和事业都在北京，而且现在正处于比较良好的发展时期，我实在是无法把这些都扔下去深圳找他。

"而他，在深圳也是打拼了好几年之后才拥有了现在的这一切，我也无法要求他扔下那边的一切来北京找我。

"就算我们两个人当中有一个人肯做出牺牲，放弃自己在当前城市所拥有的全部到对方的城市从零开始，但是那样的牺牲也太大了吧！

"这样的牺牲，我觉得肯定会引起其内心的波动，会给以后两个人的关系造成隐患的。

"就拿我自己来说，我是可以一咬牙一跺脚放弃北京的发展去深圳找他，重新开创我的事业。但是我都能想象得到，万一我过去了，他因为工作原因忽略了我，我可能就会觉得很委屈。我肯定会觉得，我放弃了北京的一切过来找你，你却不好好对待我。之后，我就会闹脾气。

"我相信，如果换成他，他也会这样的。人嘛，都是怕心里不平衡，不是吗？

"或者，是不是还有这样一种可能。我放弃这边的一切跑过去找他了，反而会给他造成很大的心理负担。这种心理负担，在他状态好的时候，确实是会成为他的动力，去更好地工作，更好地爱我；但是，如果是在他状态不好的时候，就会成为他的压力。而我却不想凭空给他增加任何压力。

"虽然现在我会因为爱情经常有放弃北京的这一切去深圳找他的冲动，但是，说实话我不敢。我怕我这样做了，会导致我内心的不平衡。害怕在过去后，我会做出破坏我们之间感情的事情来。他呢，也和我提过要来北京，重新发展事业。我很高兴他能够这样想，但是我实在不敢想象这样做了以后的后果。

"我真的特别矛盾！但我又很珍惜这段感情，生怕自己的任何一个举动会给这段感情增加不必要的麻烦，或者让这段感情变得太复杂、太沉重。

"但如果我们再继续这样，在两个城市各自发展下去，我们会越来越难于割舍现在事业上所获得的一切。那样的话，我们俩会越来越难到同一个城市生活。如果不在一个城市生活的话，我们还能走到'结婚'这一步吗？

"Vivian，怎么办？两地分居的爱情会以'结婚'结尾吗？"

人们的共识就是："两地分居的爱情"的发展过程通常都很美，但是"两地分居的爱情"的最终结果通常都很凄凉。我们确实看到过很多情侣虽然两地分居多年却仍然能够以大团圆结尾，而另外一些情侣却因为"感情败给了距离"而最终分道扬镳。那么，到底是什么关键因素在其中起着决定性的作用呢？

在回答这个问题之前，先让我们来想一想，"两地分居"和"同处一城"最大的区别是什么？是距离的远近！距离的远近会带来什么问题？我最需要你的时候，你却不在我身边！如果这个情况发生了，会带来什么样的心理感受？失望！失望了以后，会怎么样？感觉很受伤！如果一个人总让你感觉到很受伤，你会怎么做？你会有意识地保护自己，拉开与他的距离，尽量少地在他面前暴露自己的信息！一旦你开始逐渐少暴露自己的情绪和信息了，爱情就逐渐走远了！

为什么会这样呢？

在心理学上面，有一个名词叫作"自我表露"。就是说，当人们处于深厚的伴侣关系中时，交往双方能够真实地展现自己，并且可以从中知道自己是被对方接受的。特别是在美满的婚姻当中，这种体会会更加明显。两个人之间的信任取代了各自的焦虑，并且使任何一方的个体更容易向对方展现真实的自己，而不需要担心失去对方对自己的爱情。这种"自愿地向对方展现自己"的特点，就是"自我表露"。

自我表露，是建立亲密关系的开端。并且随着相互关系的深入和发展，自我表露的伴侣会越来越多地向对方展现自我。这会促使他们彼此的了解越发深入，直到一个适当的水平为止。

"自我表露"有这么神奇的作用吗？举个日常生活的例子你就明白了。

很多人的爱情是怎么萌芽的？是在"安慰别人"的时候，不知不觉地发生的。本来只是一个普通朋友，但是对方心情不好，自己又不是一个铁石心肠的人，无法袖手旁观。于是，你就在这个人的身旁安慰了几句。但是你知道吗，人们在沮丧的时候会更多地自我表露。于是，这个心情不好的人可能会因为你的安慰感受到了自己的被接纳，他很可能在无意识的情况下就过多地进行了"自我表露"。

而在"过多地自我表露"这个方面，心理学上面还存在一个"表露互惠效应"。这个"表露互惠效应"是说，一个人的自我表露会引发对方的自我表露。也就是说，我们会对那些向我们敞开胸怀的人表露得更多。所以，当这个心情不好的人不自觉地在你面前进行了过多的自我表露后，你也会不自觉地向对方敞开心扉。而这个互动的过程正好符合了爱情的发展过程。

爱情的发展过程实际就像跳舞一样：我表露一点，你表露一点——但不是太多。然后，你再表露一些，而我也会做出进一步的回应。这样，就会形成爱情里面的亲密关系，并且不断地得到促进和深入。通常，亲密关系的不断加深会使交往的双方感到兴奋，这样就会创造出激情和热恋的感觉。

这样的不断促进有什么效果呢？当交往的双方可以扔掉最开始面对陌生人的时候所佩戴的伪装的面具，当一个人可以真实地表现自己的时候，他会因为自己能够做回自己而感觉到很愉快。同时，对方会因为这个人向自己敞开自我，感觉获得了莫大的信任，而更愿意继续和这个人接近。这一切互动过程都在无形中使得双方的交往变得更加愉快。愉快的交往体验，会促使双方更频繁的接触、更深入的了解和更多的自我表露，从而达到产生爱慕，直至走进婚姻的殿堂。

对于两地分居的爱情，其实"距离远"并不是造成"结婚"或者"分手"的关键因素，而是由于"距离远"影响了"自我表露"的发展趋势。这才是最终决定"结婚"或者"分手"的原因。

我曾经有一个朋友，和她的男朋友从认识起就两地分居。5年后，他俩幸福地结婚了。这5年当中的每一天，他们是怎么度过的呢？

每天早晨起床的第一件事，就是拿起手机互相问候。之后，一整天的闲暇聊天就不说了。中午、晚上和睡觉前，更是雷打不动地互相问候。一天最少是3通电话，短信微信的数量就更是无法统计了。不要以为这么频繁的联系，他俩肯定是闲得没事干的人。告诉你，他俩一个是大律师，一个是公司的老总，全是大忙人。那个时候，连我都惊讶于他俩怎么能那么有热情、那么持之以恒地保持这个联系的频度。

我曾经不止一次地问我那个朋友："你们俩一天到晚地发短信微信打电话，都聊些什么呀？俩人都不在一个地方，哪有那么多可聊的呀？"

我的朋友告诉我："没有特别聊什么，就是聊聊一天当中发生的事情呗。看看他那边做什么了，我这边做什么了。他午饭吃的什么，我晚上打算看什么书之类的。其实都是一天当中发生的小事情。"

因为我看过太多的分分合合了，所以对于她俩能够坚持5年的异地恋并最终修成正果，很是不理解。我一直想找出他俩和别人的不同，但是当时她的这一番回答，并没有让我觉得我找到了我要的答案。

直到若干年后的今天，直到做了无数的婚姻咨询后，我才深深地体会到这种"没有特别聊什么，就是聊聊一天当中发生的各种小事情"，其实就是她俩和别人最大的不同。这，就是我要的答案。

他们这种随时沟通其实就是完全的、自愿的自我表露。正是这种坚持了5年的不断"自我表露"才给他俩的爱情以无限的动力，最终促使他俩走进婚姻的殿堂。

其实，"爱情"的精髓，就是两个个体相互联系、相互倾诉，从而相互认同。两个个体能够保持其自我的个性，又能共享很多的活动，为彼此的理解和相同之处感到愉悦，并且相互支持。所以对于"两地分居"的爱情，其实是不需要"望婚兴叹"的。只要两个人能够持续地自我表露，用"自己对对方的了解和信任"来取代"自己对于两个人的未来"的焦虑，爱情就会持续升温的。当爱情达到极致的时候，婚姻这件事就会顺理成章地发生了。

有一种失恋叫"草莓正当季"

我的一个朋友贝贝，是一位资深的心理咨询师。她总是可以细致敏感地发现客户的深层问题，润物细无声地协助客户解决问题。

在她这里，会让人感到安全、舒适、被理解和被接纳。很多已经给心灵套上层层保护壳的人在她面前瞬间便会卸下武装，心甘情愿地让贝贝读懂自己，修复自己。

小宝，因为情绪困扰，成了贝贝的一位客户。一个疗程进行的过程中，他的状态越来越好，人也变得越来越快乐。随着时间的推移，他发现自己对贝贝产生了强烈的精神上的依赖。一个疗程结束后，他们恋爱了。

这对恋人很互补，恋爱过程很甜蜜。小宝事业有成，当贝贝在事业发展上有困惑的时候，他总是可以给她很多建议。贝贝善解人意，当小宝在精神上感到迷茫的时候，她总是可以四两拨千斤地把他的压力化解掉。

直到有一天，小宝痛苦地和贝贝说，他再一次需要她的帮助，他又有自己消化不了的压力了，而且这个压力已经严重到直接影响他的工作和生活的所有方面了。

他的压力，来源于另外一个姑娘，来源于另外一个姑娘对他奋不顾身的爱，来源于他不知道该如何才能回报这份爱。

小宝开始像个"透明人"一样毫无保留地描述他和那个姑娘的故事，从头到尾，每一个细节。那种神态，那份迷茫，和他第一次到贝贝的咨询室做咨询的时候是一模一样的。

虽然小宝说得很慢，但是贝贝要十分努力才能让自己听清楚他在说什么。因为更多的时候，贝贝在挣扎地思考：我现在是个咨询师，还是个女朋友？

小宝描述完了，像往常一样静静地等待着贝贝的专业分析，等待贝贝来"读懂自己，修复自己"。

可是，这次贝贝的思维却明显没有之前的敏捷了。在小宝的再三催促下，贝贝收拾起心情，费力地说出了一些自认为还算"公正和专业"的判断。同时，她艰难地做出了一个决定：分手！

小宝对贝贝的这个决定感到很是惊讶。因为一直以来，当他精神上感到迷茫的时候，他总是会自动进入到"客户"的角色中，贝贝总是配合地进入到"咨询师"的角色中。而当迷茫被解决掉的时候，他会自动切换到"男朋友"的角色，而贝贝就变身为他的"女朋友"了。

他没有想到为什么这次的状态再也切换不回去了呢？

其实，贝贝也是在之后想了很久才想出症结所在的，用四个字概括就是：角色混淆。小宝和贝贝在恋爱前和恋爱后是两套完全不同的角色（客户vs.咨询师，男朋友vs.女朋友），而他们任由这两套角色在一个时空里面并存。当这两套角色发生冲突时，冲突过程中所产生的能量足以把整个时空摧毁。

心理学上对"角色混淆"的定义是：个人无法获得明确清晰的角色期望或因无法形成完整统一的角色知觉而产生的混乱。

所谓"角色混淆"，其实就是不知道"我是谁"，从而不知道自己该做什么（做事的过程），也无法判断自己的动机是否正确（做事的出发点）。要知道，错误的出发点，加上错误的过程，是不会通向正确的目标的。

当小宝在描述他和那个姑娘的过程时，把贝贝当成了纯粹的咨询师，所以他可以毫不掩饰地描述每一个细节。但他忘了，面前的这个人不仅仅是他的"咨询师"，也是他的"女朋友"。

试问，一个女孩子能有多大的涵养来听自己的男朋友反复诉说他对另一个女孩子的不忍和怜爱呢？

而在贝贝听到小宝说这件事的时候就已经猜出了大半。作为"女朋友"，她的第一个反应就是"我不要再听下去了"！但是，她同时扮演的"咨询师"的角色要求她要专业、要负责、要帮助别人解决问题。

一个女孩子要把自己撕成怎样的碎片才能把自己从这个故事当中干干净净地剥离出来，然后提供出专业公正的判断呢？

其实，在现实生活中，这种"角色混淆"的例子不在少数。

有多少个女强人在公司里冲锋陷阵惯了，在家的时候把"温柔的老婆"和"强势的女汉子"给混淆了，不再撒娇地说"老公，你帮我研究一下这个，然后教我一下好吗"，而是说"等他？！还不如我自己搞定呢"……她们一边抱怨着家里没有沟通没有温情，一边雷厉风行地操持着家里的一切。

有多少个子女在社会的快节奏里面浸泡久了，在陪父母聊天的时候把"乖巧的孩子"和"高效的执行者"给混淆了，不再耐心地解释说"爸，您想在手机里看这个得先这样，再这样，再这样"，而是说"教了您也不会，我赶紧都给弄了吧"……他们一边嫌弃父母跟不上时代，一边残忍地剥夺掉父母学习新事物的机会。

有多少个爸爸，在团队里当领导当惯了，在和儿子在一起的时候把"亲善的爸爸"和"聪明的决策者"的角色混淆了，不再启发式地问"还有没有别的思路？别的可能？别的途径"，而是说"都给你安排好了，你照着做行了"……他们一边焦虑着孩子没有形成系统思维的模式，一边大包大揽地给孩子做好了所有的计划。

……

贝贝说："之所以这场恋爱会以这样的结尾收场，可能最大的问题就在于我们俩没有搞清楚恋爱后各自的角色。"

我问："你现在怎么样？"

贝贝说："还好吧，就是小宝说过，他爱吃草莓。而现在……草莓正当季……"

小宝和贝贝的故事就这样无声无息地结束了，而你们的故事还在继续着。

看完这篇文章的你，千万不要任由自己将所有的角色搅和在一起进而破坏了自己的生活。给自己几天的时间，拿一张纸，写下来自己在不同场合中的最佳角色。之后，在进入每一个场合之前，给自己5秒钟的时间，彻底切换到适合于这个场合的单一角色中，做好那个角色，继续好自己的故事和人生。

吵完架，我想让你这样哄我！

在我做咨询的过程中，听到过无数的女孩这样抱怨："Vivian，你知道吗，我和他吵完架，我还生气着吃不下饭呢，人家已经跟没事人似的跑一边打游戏去了。你说，他是不是不在乎我了？"

当然，我也听到过无数的男孩这样抱怨："Vivian，你说，我俩吵完架了之后，都过了半天了，我早就没事了。等我主动和她说话的时候，她还是不理不睬的。你说，她怎么这么小心眼儿呢？"

其实，不是她作，也不是他狠心，而是两性在体验负面情绪的时候，男性和女性的反应类型有所不同。

根据苏珊·诺伦-霍克西玛（Susan Nolen-Hoekseman）的研究结果：女性在经历负面情绪的时候，她会想到可能的原因及对她们感受的意义。相反，男性则试图通过集中注意于其他事情或者投入体育运动来积极地分散自己的负面情绪。

也就是说，在发生完矛盾后，女孩总是倾向于思考和回味，倾向于把注意力放在刚刚发生的这件事情上；而男性则倾向于自动调节自己的情绪，倾向于把注意力分散到其他事情中去。

所以，俩人吵架的时候，女孩千万不要逼男孩说："你当初为什么呀？你怎么想的呀？"因为男孩这个时候的思维已经跑开了，他永远也给不了她一个满意的答案。甚至，可能当女孩还自怨自艾地沉迷在自己的小情绪中的时候，男孩已经调节完情绪独自开心去了。

男孩和女孩如果在每次发生矛盾后，情绪状态的变化越差越远，那么男孩就会觉得女孩在作，女孩就会觉得男孩狠心。

其实，我要公正地说一句：不是男孩无情，只是他们对负面情绪的反应方式如此；也不是女孩矫情，只是因为她们的反应方式也如此。

道理是讲清楚了，但问题没有解决呀，吵完架到底该怎么哄呢？别着急，了解对方的思维方式和反应模式是接纳对方的一个开始。

现在，你知道了，吵架之后对方的种种反应不是成心的，不是没事找事，更不是"不在乎你"、"不爱你"。接下来，我就说说，吵架之后，应该怎么沟通。

"沟通"这件事其实很简单，就是对方说出来一句话，你能正确理解，然后再把你的意思正确地表达给对方，那就算沟通成功了。但实际上，"沟通"这件事很难。很多人总是在错误地理解对方的意思，也有很多人总是在错误地表达自己的意思。

让我们来看看，男孩的一些通用语言是如何被女孩错误理解的，而女孩在如此理解之后会产生怎样的想法。

他说："你做那么多干吗，把自己搞得那么累！"

她会把这句话翻译成："你总是在忙这忙那，都没时间关心我！"

听到这句话后，她会这样想："他从来都看不到我的付出，不管我为他做了多少，他总是觉得我做得不够！"

但实际上他想表达的意思是："我看你太累了，我觉得你需要更多的支持！"

他说："你担心那个干吗，别瞎想了！"

她会把这句话翻译成："你担心的那些东西都不重要，你能不能想点儿正事儿呢？"

听到这句话后，她会这样想："他只顾着自己，从来不会考虑到底对我重要的是什么！"

但实际上他想表达的意思是："我很关心你，而且我永远支持你。如果事情像你想象的那样变糟了，我会第一个冲过来帮助你的！"

他说："事情没有你想的那么糟吧！"

她会把这句话翻译成："你又小题大做了吧！你对事情总是会反应过度，不要这么杞人忧天好不好！"

听到这句话后，她会这样想："他一点都不关心我的感受，我在他心目中完全没有地位。"

但实际上他想表达的意思是："我相信你能够搞定的。你是很有头脑和能力的，我相信你能想出办法，把事情圆满解决的。"

他说："你对自己的要求太高啦！"

她会把这句话翻译成："你怎么又开始自责了！本来好好的，你别总给自己找别扭好不好！"

听到这句话后，她会这样想："他一点都不明白我到底经历了什么，他也不在乎我为什么这么难过。没有人理解我、关心我！"

但实际上他想表达的意思是："我觉得你做得好极了，并且我看到你为别人付出了很多。我觉得你已经做得很棒了，而且我觉得应该有更多的人看到你的努力，你现在需要好好休息一下啦。"

他说："做了这件事情，你又不高兴。你要是不喜欢，就不要去做啦！"

她会把这句话翻译成："你太消极了，怎么其他人都做着挺好的，到你这里就别别扭扭的！"

听到这句话后，她会这样想："他一定觉得我很自私，只顾着我自己。我的所有付出，他一点都看不见！"

但实际上他想表达的意思是："我很在乎你，所以不想看着你去做一些你不喜欢的事情。你已经做得很多了，休息一下吧。"

他说："你本来就不需要做这些呀！"

她会把这句话翻译成："你做的事情都无关痛痒，而且还浪费时间！"

听到这句话后，她会这样想："他觉得我做的都是没有价值的，那我做这些事情的时候，也别指望他能帮着我了。"

但实际上他想表达的意思是："你已经给了我很多的支持和帮助了，我都不忍心让你做更多了！"

看完这些，感觉是不是很震撼？为什么好好的话，男孩就不能好好说呢？

男孩需要记住，下次沟通的时候，不要再用你的惯用语言了（每段的第1句话），而要说出你的实际意思（每段的第4句话），这样女孩子才能更容易地理解你的真实想法。

女孩需要记住，当你听到男孩的惯用语言时（每段的第1句话），你要知道他的实际意思是另外一个样子的（每段的第4句话）。如果你对他的真实意思有所保留，就直接去和男孩子确认。

在互动过程中，只是男孩不会好话好说吗？其实女孩也一样。让我们来看看，女孩的每句话背后到底有怎样的"深意"呢？

他问："你想不想谈一谈？"

她说："NO！"

但实际上，她的意思是："YES！我当然想谈谈了。而且如果你真的想谈的话，你需要问我更多的问题来让我看见你的诚意！"

他问："需不需要我来帮你？"

她说："NO！我自己能行！"

但实际上，她的意思是："YES！而且如果你真的想帮我的话，直接过来帮忙就好了！"

他问："我刚才是不是说错话了，让你不爱听了？"

她说："NO！"

但实际上，她的意思是："YES！而且如果你真想知道怎么才能让我感觉更好，你应该问更多的问题让我有想要倾诉的欲望！"

他问："你还好吗？"

她说："YES！"

但实际上，她的意思是："NO！而且如果你真的关心我的话，你应该问更多的问题来看看我为什么不高兴了！"

看完这些，是不是感觉更加震撼，为什么女孩子总要嘴硬呢？

女孩要记住，话不要反着说（每段的第2句话），应该把你的需求正面地说给男孩听（每段的第3句话），这样男孩子才有明确的引导，知道他该如何做。

男孩要记住，当你听到简短的"YES"或"NO"（每段的第2句话）而没有下文的时候，心里就该琢磨一下了。你需要把女孩子负气的话翻译成她的真实意思（每段的第3句话），这样你才能说对话、做对事儿。

男人和女人，本来就是一个来自火星一个来自金星。遇到事情有不一样的反应模式，说出的话有不一样的理解方式，那简直是再正常不过的事了。

如果你穷尽一生试图去改变对方，那实在是一件傻得不能再傻的事情了，因为你喜欢的是原本的对方。当对方的某一点为了你努力做出改变的时候，对方其他的因素也会跟着变化。就像蝴蝶效应一样，被动的变化一旦开始便无法控制，直到始料未及。变化到了最后，请你扪心自问一下，对方还是当初那个你喜欢、依恋的人吗？

所以，男女两性存在"不同"是正常的。我们需要的并不是去矫正和弥补这些"不同"，我们需要的是去理解和接纳这些"不同"。当达到"你说的话，我明白"、"我的意思，你理解"的时候，就是你拥有"相濡以沫"、"举案齐眉"的完美爱情的时候。

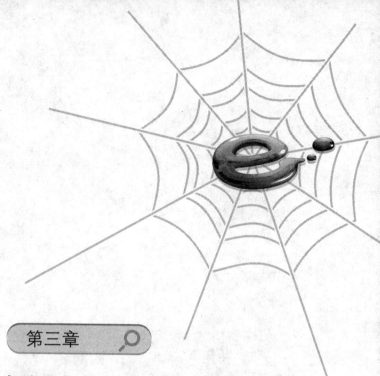

第三章

婚姻路上，我们正渐行渐远

请不要做我的"差评师"

从无话不说到无话可说，我俩到底是谁变了？

不停地抱怨，只因你不懂亲密关系

爱情"短路"怎么破？

原来"离婚"是这样发生的

应对"痛苦婚姻"的 4 种行为模式

全职太太，如何才能被看见

请不要做我的"差评师"

记得之前看过这样一个笑话：

周六，老公白天有事出去了。

晚上到家，老婆把晚饭端上饭桌后说："快帮我倒杯水，今天一天在家干活，累死我了！"

老公很奇怪："每个周末，你都说你干活累死了，但是家里一点变化也没有呀！这一天在家，你到底干什么了？！"

又是一个周六，老公又出去了。

晚上回家以后，家里乱得像猪窝一样，晚饭也没有做。

老公饿着肚子，怒气冲冲地问："怎么没做饭，家里还这么乱，今天一天你都干什么了？"

老婆淡淡地说了一句："之前你不是总问我，周末在家我到底都干什么了吗，你看今天我在家什么都没有做！"

……

你觉得这是一个"套路很深"的老婆吗？

那你一定没有体会过"我的全情付出，都被你无情忽略"的伤心，你也没有经历过"为了让你更满意，我已经忘了我是谁"的委屈。

你以为这只是一个段子吗？给你讲一个真实的案例吧。

这是一个夫妻咨询的案例，夫妻双方共同来到了我的咨询室。

老婆："我觉得我不管怎么做，我老公都不满意。他觉得我做得特失败，我的存在特多余。"

我："他的什么表现，让你觉得他对你不满意呢？"

老婆："比如我们带着孩子，开车出去玩。孩子还小，在安全座椅里面坐时间长了就会大哭。孩子哭的时间长了，我老公就会觉得很烦。为了不让我老公开车分心，每次孩子一哭，我就马上想尽办法去哄孩子。如果孩子能哄好，那就没事。可是，如果孩子半天都哄不好，我老公就开始发脾气了。"

我："你老公一发脾气，你就觉得他是在责备你了？"

老婆："是的。通常在这种情况下，他会很生气地说'怎么连个孩子都哄不好，你怎么当妈的'……"

我："那通常在孩子大哭的情况下，你具体是怎么做的呢？"

老婆："我给她讲故事或者给她玩玩具，又或者想别的办法转移她的注意力，等等。"

我："这些方法都很好呀。那在你这样做的时候，孩子通常都是什么反应呢？"

老婆："孩子有时候就能哄好，不哭了。但是有时候，我怎么哄都哄不好。"

我："嗯。那通常情况下，用这些方法能把孩子哄好的概率有多大？"

老婆："用这些方法，大概在10次里面，9次都能哄好，有1次怎么都哄不好。"

我："也就是说，你成功的概率是90%啦！那好，我现在要和你老公聊一下。"

我转过身，面对她的老公。

我："孩子大哭不止，你开车的时候会发脾气，这个我很理解。其实，就算不开车，听到孩子哭个不停，很多人也会有情绪的。我想问一下，你有没有注意到，在孩子大哭的时候，你老婆有时候是可以搞定她的。其实，在10次大哭里面，你老婆有9次都把孩子搞定了，只有1次是搞不定的。"

老公："呃……这个……没有注意到呀……只是孩子哭个没完，我就心情不好。"

我："对呀，我猜你也没有注意到。如果你注意到你老婆已经搞定孩子那么多次了，对于哄不好孩子的那一次，你可能就会宽容得多，是吗？"

老公："嗯，是呀。我真的没有注意到我老婆哄好了孩子那么多回。不过现在回想一下，是有过很多次孩子哭了几声，后来就不哭了的。但是就像你说的，我当时都集中注意力开车了，所以都没注意到孩子哭过。"

我再次转了转身，同时面对着老婆和老公。

我："你看，孩子哭了10次，9次搞定，1次失败。所以对于老婆来说，她认为她失败的概率是10%。这个失败的概率是在可以接受的范围内的。所以，在面对老公的情绪和责备的时候，老婆会感到委屈和气愤。"

我接着说："而对老公来说呢，孩子哭了10次，虽然有9次被老婆迅速搞定。但因为老婆搞定得太迅速了，以至于老公在前面开车都没有意识到孩子刚才哭过。而老公能够意识到的那唯一一次，就是孩子大哭不止的那一次。也就是说，对于老公来说，他认为老婆失败的概率是100%。这个失败的概率，是完全不可以接受的，所以他才会肆无忌惮地抱怨和责备。"

听完这番解释，我对面的这对夫妻都不情自禁地点了点头，然后陷入了沉思中……

其实，对于很多女性来说，无论她们在外面有多么风光的职位，多么耀眼的身份，到家以后，她们会洗尽铅华，只想做好"老婆"这一个身份。

而对于"老婆"的这个身份，最高的成就感来自于"老公的肯定"。

每一个老婆，是不会去计算自己付出了多少的，但是她们一定会"斤斤计较"自己得到了多少来自老公的肯定。

为了给老公做顿烛光晚餐，从不下厨的老婆研究了一天的菜谱，笨拙地操作，甚至冒着把厨房点了的风险……

只要能得到老公的一句"哇，老婆，你辛苦啦"，那所有的付出就都不是个事儿。

但如果得到的是"快点弄点吃的，一会儿看球赛"，那估计两人今天晚上只有喝西北风的份儿了。

为了让加班的老公在周末的早晨能多睡一会儿，同样困得不行的老婆早早起来陪孩子到客厅玩了一上午。

只要能得到老公的一句"老婆，谢谢你让我睡了这么久"，那所有的付出，就都不是个事儿了。

但如果得到的是"怎么中午饭还没做好呀"，那估计两人一会儿的午觉就都甭打算睡了。

当老婆的，不是吝惜自己的付出，她更重视的是老公有没有看到她的付出；当老婆的，不是不知道自己的价值，她更重视的是老公会不会承认她的价值；当老婆的，不是不可以受委屈，她更重视的是老公会不会明白她这个委屈是为了他才受下来的。

那在婚姻当中，两个人怎么能更多地看到对方的付出，并且让对方感受到你的关注呢？其实很简单，每天要做的就是"一个拥抱和一句话"！

"一个拥抱"是什么呢？

每天早晨起来后，或者上班离开家前，或者下班回到家后，或者晚上睡觉前，给对方一个拥抱，让对方的身体知道：你爱他，在乎他，想念他。身体的距离近了，心的距离才会近。

"一句话"又是什么呢？

找到一句你表达爱意的话。或者是对方今天做了什么让你高兴的事情，或者是你对对方表达的感谢，实在不行，你还可以说最简单的那一句"我爱你"。让对方的心里知道，你爱他，在乎他，想念他。

当你让对方的身体和心里都感受到了"你在他身边，关注他、关心他"，他自然就能感觉到你对他的爱了！

你爱我吗？爱我，就请看到我！

从无话不说到无话可说，我俩到底是谁变了？

"我们认识10年了。10年前我一无所有，她对我不离不弃。

"我们结婚了，相敬如宾。她是个标准的贤妻，而我也努力做到模范丈夫。

"我的工作需要经常出差。每次出差的箱子都是她帮我来收拾。而我每次在外面的工作一旦完成，宁可坐红眼航班也要以最快的速度赶回家陪她。

"后来，我的事业越来越成功。我们的感情和物质条件也变得越来越好。

"再后来，她怀孕了。怕她辛苦，我对她说'别工作了，我养你'。于是，她把工作辞掉了，在家安心待产。

"就这样，生完老大，生老二。她在家一待就是7年。

"这7年，是埋葬我们感情的7年。7年间，我们的共同话题越来越少，交流沟通越来越少，而分歧争执却越来越多。

"现在，家对我来说已经不再是一个温暖的港湾，而是一个随时可能发生冲突和爆炸的雷区。对她而言，可能也一样。

"每天晚上下班开车到家楼下，我都要把汽车音响打开，在车里听上半个小时，才能鼓足勇气上楼。

"而她也会刻意躲避和我单独在一起的时间。因为我们单独在一起时，完全不知道该如何互动，气氛很是尴尬。而如果一定要讨论与孩子有关的事情，又经常会因为意见不合而吵架。

"我和她之间，从之前的无话不说变成了现在的无话可说，我俩到底是谁变了？"

这是我的一个心理咨询客户在见到我之后的开场白。

他，是一个互联网创业公司的CEO。别人眼中的他，事业有成，春风得意。

出身名校，年轻有为，眼光独到，加之公司刚刚融完B轮投资。他现在正是应该出现在各种庆功宴会上。

但是，出现在我咨询室中的他是寂寞的、消沉的、痛苦的。

可以想象得到，这7年来夫妻感情和家庭温暖就像是他手中的流沙，他越想努力抓住，却眼见着它从指缝间一点点地流走，直到最后，什么都没剩下。

"我和她之间，从之前的无话不说到现在的无话可说。我俩到底是谁变了？"他，又重复了一遍。

"我……还爱着我老婆，但是似乎又爱不起来了。她好像也一样。这算是我俩变心了吗？"

其实，他们两个人对伴侣的那颗心一直都没有变！变的是对伴侣的心理需求！而变化了的心理需求导致了不曾改变的心产生了变质了的爱。

让我们来看看，他们10年前的"心理需求"和10年后的"心理需求"有怎样的不同。

10年前，刚认识的时候，一穷二白，能有个稳定的收入，有个温暖的小窝，就满足了他们所有的需求。

10年后的现在，房子车子票子早已不在话下，他们需要的是做出自己的成就，自己的价值有所体现，被别人尊重和认可。

需求的变化，一定会导致伴侣间关系的变化吗？

人的需求是如何变化的，又该如何满足呢？

人的需求一定会改变吗？需求改变了，还会退回去吗？

在回答这些问题之前，让我们花3分钟的时间来了解一下马斯洛的"需求层次理论"。

马斯洛的"需求层次"理论把人的心理需求从低到高分成了5个层次：生理需要、安全需要、爱和归属、尊重、自我实现。

1. 生理需要

生理需要包括：呼吸、水、食物、睡眠、生理平衡、分泌、性等。

这是人类维持自身生存的最基本需求。如果这些需求得不到满足，人类的生存就成了问题。

2. 安全需要

安全需要包括：人身安全、健康保障、资源所有性、财产所有性、道德保障、工作职位保障等。

这是人类要求保障自身安全的需求，其表现为人身安全、事业和财产的安全、健康的安全等。

3. 爱和归属

爱和归属包括：友情、爱情、性亲密等。

这是指人类都有归属于一个群体的需求（家庭、团体、组织），希望成为群体中的一员，能够相互关心和照顾。

4. 尊重

尊重包括：自我尊重、信心、成就、对他人的尊重、被他人尊重等。

这是指人类都希望自己有稳定的社会地位，希望个人的能力和成就可以得到自己和社会的认可。

5. 自我实现

自我实现包括：道德、创造力、自觉性、问题解决能力、公正度、接受现实能力等。

这是指最大限度地实现个人理想、抱负、发挥个人的能力，所做的事情与自己的能力达到完美的匹配。

那么，这需求的5个层次是如何驱动和变化的呢？

简单来说，有两个原则。第一个原则，需求的这5个层次像阶梯一样从低到高，逐级递升。5个层次分别涉及最基础的生存需要到物质需要到精神需要。第二个原则，某一低层次的需求相对满足了，就会向高一层次发展。各层次的需求相互依赖和重叠，高层次的需求发展后，低层次的需求仍然存在，但不再起主导作用。

让我们再来分析一下，这位CEO的婚姻关系中，夫妻双方的心理需求发生了哪些变化。

10年前刚认识的时候，一穷二白。他俩的全部需求就是稳定的收入、温暖小窝和对方的陪伴。

这些，套用到刚刚介绍的马斯洛的"需求层次"理论中，都属于第二层次的"安全需求"范畴，分别是：职位的保障、财产所有性和资源所有性。而这些心理需求在当时的情况下，通过双方的努力可以很好地被满足。当一个人的心理需求被满足了以后，他就会感到幸福和快乐，并对这段感情会持积极肯定的态度。所以，他俩当时的关系是相濡以沫、举案齐眉。

10年后的今天，房子车子票子早已不在话下。既然"不在话下"，那么就意味着第二层次的"安全需求"已经被很好地满足了。按照前面所讲的"第二个原则"，当低层次的需求被满足后，就会自动向高一层次发展。所以，这对夫妻的心理需求自然地从第二层次的"安全需求"上升到第三层次的"爱和归属"。

"爱和归属"是指人类都有归属于一个群体的需求（家庭、

团体、组织），希望成为群体中的一员，能够相互关心和照顾。

这对夫妻的"心理需求"在10年间不知不觉地从"安全需求"上升到"爱和归属"了。那么，现实生活中的变化，有没有满足他们新的"心理需求"呢？还是现实生活的变化，和他们的"心理需求"背道而驰了呢？

这些年来，他长期在外面打拼，她在家做全职太太。一开始，为了让老公安心工作，她便把家里的事情全部大包大揽了下来。

开始的他，确实很享受，并且庆幸自己娶了个贤妻。而她，也很快乐，因为军功章上有你的一半，也有我的一半。

慢慢地，他发现，家里的事情他越来越插不上手了，而且对于家庭安排、孩子教育也越来越没有发言权了。老婆整日在家里忙碌着，没时间和自己说话。由于自己每天早出晚归，孩子和自己也日渐生疏了。就算周末在家，孩子们也喜欢和妈妈在一起，视爸爸为陌生人。

慢慢地，他觉得自己像个局外人，而不是她的老公。他，人在家里，但心却不被这个家庭所接受。"家"之于他，更像是一个旅馆，一个不需要他的存在，也给不了他温暖的旅馆。他的第三层次的"爱和归属"的需求在这个家庭里完全没有得到满足。

慢慢地，她发现随着老公事业越来越成功，在家的时间却越来越少。她需要考虑的事情和为家庭付出的精力却越来越多。即便自己做了这些，忙碌的老公却似乎一点也没有看到。他每天夜里回到家倒头就睡，一大早起来后就去上班，忙得连一句简简单单的"你辛苦啦"都没有时间说。

慢慢地，她觉得自己更像是个佣人，而不是他的老婆。她的存在，只是为了每天打扫卫生、做饭、照顾孩子。"家"之于她，更像是一个24小时全天候的工作岗位。她就这样机械地、麻木地存在着，感受不到丝毫的来自家庭的关心和照顾。她的第三层次的"爱和归属"的需求在这个家庭里完全没得到满足。

所以，就像文章开头说的，他俩都没有变心，变化的是他俩的"心理需求"。变化后的需求都没有被对方满足，所以他俩的关系才开始渐行渐远，从无话不说变成无话可说。

对于很多恋人、夫妻来讲，如果对方对于"爱和归属"的需求已经被自己很好地满足了，这样就算功德圆满了吗？

第三层次的"爱和归属"被满足之后，必然会上升到第四层次的"尊重"上。

当第四层次的"尊重"被满足后，需求就会上升到第五层次的"自我实现"上。

所以，我们常说夫妻关系是需要经营的。这句话说起来容易，但是实际做起来，很多人觉得无处下手，或者觉得自己做了很多，却没有起到任何效果，甚至还起到了反作用，慢慢地，也就放弃努力，让感情自生自灭了。

其实，从心理学的角度来分析应该如何经营"夫妻关系"，总结起来就是"一个中心，两个基本点"。

"一个中心"，就是以"自我成长"为中心。自己要不断地完善和成长，任何时候都不能让自己止步不前。

这个"自我成长"是各种软实力和硬实力的提高。看书、听音乐、健身、学习、工作上等的提高都属于"自我成长"的范畴。只有不断地成长，你才会对自己的现状满意，才会有很高的自我价值感。当你有很好的自我价值感，自信满满的时候，你才会有足够的能量和能力去经营婚姻。否则，你就会出现"泥菩萨过江，自身难保"的情况。所以说，这"一个中心"是"夫妻关系经营"的基础。

"两个基本点"：对于伴侣现阶段的心理需求，要积极满足；对于伴侣下一阶段的心理需求，要积极准备。

马斯洛的每个不同的"需求层次"都有不同的需求，有不同的任务要完成，都是在前一层次的心理需求的基础上提出的新的挑战。所以，我们要有意识地去分析自己和伴侣之间目前所在的心理需求层次，找到针对这个层次对方最主要的心理需求。我们还要和对方积极沟通，如何才能更好地满足他以及他如何做才能更好地满足自己。这样，两个人共同努力，共同进步。而对于下一个阶段的心理需求，我们也要做积极的准备，这样在平稳过渡到下一阶段的时候，自己和伴侣才不会手足无措。

这样看来，小说上面描绘的"美满家庭，夫唱妇随，琴瑟和谐"其实也很容易做到，无非就是让夫妻双方的心理需求同步升级，实时被对方满足，即"一个中心，两个基本点"。

如果你现在对你俩的关系有遗憾，那么给自己5分钟时间想一想：

　　你的心理需求处于5层需求中的哪个层次？

　　你的伴侣又在哪一个层次？

　　你需要对方如何来满足你？

　　你又应该如何去满足对方？

不停地抱怨，只因你不懂亲密关系

　　这一天，我做的是一个"夫妻咨询"。夫妻双方都来到了我的咨询室，我刚说了一句："告诉我，我能做些什么？"话音刚落，两个人就你一言、我一语地说上了。

　　老公说："为什么都是和朋友出去吃个饭泡个吧，我老婆一晚上平均每小时打6个催魂夺命call；而我朋友的老婆，只在头一天晚上说了句'别丢手机，别丢人'，然后当天晚上照样9点上床睡觉？"

　　老婆说："为什么都是和老公闹脾气撒娇，我老公被我念叨两句，就扭头跑到书房玩游戏去了，对我简直就是零关心；而我朋友的老公，又是安慰又是呵护，一百分的柔情蜜意？"

　　老公说："为什么都是和伴侣沟通，我老婆的惯用词语就是'你看看你，一点都不关心我，你能不能改一下你的这个毛病'；而我朋友老婆的惯用语是'哇，你对我这么好，要是能再这样做一下，我就会觉得更幸福啦'？"

老婆说："为什么都是有了宝宝，我老公就拿宝宝当个小猫小狗，自己心情好了就和孩子逗两下，累了就拿宝宝当空气；而我朋友的老公，不管多累多烦，回家见到宝宝，脸上就乐开了花，争分夺秒地陪宝宝玩？"

......

两个人，都是学理工科的，所以相当喜欢做证明题。连来到咨询室里面的前10分钟，都是互相举了很多的例子，而不肯轻易地摆出一个结论。如果不是我中途打断，两个人还要一直说下去。在我示意两个人各自歇一下的时候，他俩摆出了一副"你给我们评评理，我俩到底是谁对"的样子。

我对他俩说："婚姻和爱情当中，哪有那么多对和错。你们到我这里来，不是为了让我像小学老师一样，告诉你们俩这道题做对了，那道题做错了的。"

两个人点了点头。

我继续说："在我进行进一步的分析之前，先让我来问几个问题。你们坦白地告诉我，在发生你们刚才说过的那些问题的时候，你们清楚为什么对方是这样做，而不是那样做吗？特别是，对方这样做的背后，到底透露出了怎样的心理需求和情感需求？"

两个人默默地摇了摇头。

我说："所以我现在要做的事情是帮你俩搞清楚，是什么造成你的伴侣这样做，而人家的伴侣那样做。相信我，不是你当初看走眼了，也不是人家婚后调教得好，而是每个人在婚姻当中的'亲密关系'的类型是不同的。"

两个人听完，显得很茫然。

的确，在我做过的很多"夫妻咨询"的案例中发现，尽管夫妻两个人已经熟识了3年、5年、甚至10年了。但是，在亲密关系中，对方到底是什么类型的、有什么样的需求、痛点在哪里、死穴在哪里，夫妻双方几乎是不清楚的。这样就会导致你不小心踩到了对方的尾巴，最后连自己是怎么死的都不知道。就更别说能够主动去满足对方的心理和情感需求，让感情升级、让婚姻稳定了。

那么，到底什么是"婚姻中的依恋类型"，这种类型又是如何分类和定义的呢？

心理学家戴维斯（Davis）、麦克斯威尔（Maxwell）、斯滕伯格（Sternberg）和格拉耶克（Grajek）在比较了配偶和情侣之间不同的爱和互动的特性后，发现在所有的"爱的依恋（Love Attachment）"中都有一些共同的元素：双方的理解，提供和接受支持的方式，重视并享受和相爱的人在一起的程度，身体上的亲昵，排他性的期待以及对爱人的强烈依恋。

他们把这些因素总结起来，并且划分成了婚姻中的3种依恋类型：安全型依恋，回避型依恋和不安全型依恋。

1. 安全性依恋

"安全型依恋"的成人在亲密关系中是一种完全的信任和极度的享受，甚至在别人看起来，他们有一些盲目的乐观。当有朋友说："把你老公看紧一点，他人那么帅又那么有才，一定有很多小姑娘往他身上扑呢！"有着"安全型依恋"特质的老婆会说："不会的，我知道我老公，他只爱我一个人！"

"安全型依恋"的成人在性关系中更趋向于在安全的、忠诚的相互关系中享受性爱。对于这种伴侣来说，有性的前提是一定要有爱。而有爱的前提是要有忠诚的关系。所以，这类伴侣通常对"色诱"和"出轨"免疫。

"安全型依恋"的成人在亲子关系中是会主动地去享受和孩子在一起的每一分每一秒。对他们来说，孩子不是一个附属品，可以招之即来挥之即去；孩子是一个"珍宝"，是他和伴侣的爱的结晶。所以，不论他们在工作中有多累，在外面有多糟的情绪，只要面对孩子，他们会把所有坏情绪都扔掉。与其说是需要他们调整情绪之后来陪伴孩子，不如说他们对孩子的天然的喜爱化解了他所有的坏情绪。

2. 回避型依恋

"回避型依恋"的成人在亲密关系中往往会采取回避的态度，甚至会不断尝试去摆脱这种关系。这种人在和伴侣吵架的时候，最喜欢使用"冷暴力"。在解决和伴侣间的冲突或分歧的时候，他们通常会很容易地就做出"离婚"这个决定，而不会去思考更多的有建设性的解决方案。

"回避型依恋"的成人在性关系中更倾向于接受没有承诺的性爱。对于这种伴侣来说，因为他们会逃避任何形式的亲密关系，所以他们在婚姻关系中会表现得没有什么"性"趣。但是，他们有更大的可能去寻求没有爱情、只有性的一夜情。因为一夜情对他们来说，很简单很干脆，不需要形成任何的亲密关系。

"回避型依恋"的成人在亲子关系中会疏远和孩子的关系，并且对孩子表现得很严厉。他们通常的口头语就是："我这样做是为了孩子好！我又不能陪他一辈子，他要学会独立！太多的爱会宠坏他的！"并且他们不但自己拒绝和孩子形成亲密关系，也试图阻挠其他人与孩子形成亲密的关系。在他们的概念当中，亲密关系是不可靠的，是会带来伤害。既然任何亲密关系都是暂时的，那他们宁可不让孩子去形成对这种关系的依赖，从而减少在失去这个关系的时候对孩子造成的伤害。

3. 不安全型依恋

"不安全型依恋"的成人在亲密关系中，他们会对伴侣有各种猜忌，并且表现出强烈的占有欲和忌妒心。这种类型的人会要求伴侣早请示晚汇报。在什么地方、和什么人、做什么事，都要随时打卡。他们甚至会要求伴侣立即发照片或者视频过来佐证。他们对伴侣的爱以一种"极度排他"的方式展现出来，有时候会让伴侣感到一种窒息感或者不被信任感。

"不安全型依恋"的成人在性关系中会把自己对于伴侣的性

要求以一种更极端、更有凌驾感的方式来表现。这类型的伴侣在性生活中会更多地出现"性虐待"或者"性变态"的行为。他们会用伴侣是否能够忍受自己的行为来作为对方是否足够爱自己的证明。

"不安全型依恋"的成人在亲子关系中会经常突然对孩子大发雷霆，甚至在别人看来是在和孩子瞎较劲。比如，爸爸和儿子都在搭乐高，爸爸在照图纸搭，而儿子在自由组合。爸爸搭着搭着发现一个零件被儿子用上了。于是，他就和儿子要，但是儿子不给。结果爸爸暴怒，把自己已经搭好的东西摔了个粉碎。但如果是在自己心情和状态都很好的时候，他会是孩子很好的玩伴，甚至会比孩子玩得还要疯。

好啦，现在知道了，为什么你的伴侣是这个样子的，而人家的伴侣是那个样子的了。那么接下来的问题就是，这个依恋类型可不可以改变？答案是：基本不可能！

那是不是就意味着夫妻间的关系就不需要做出什么努力了？因为反正依恋类型改变不了，对方永远都会是那一副我看不惯的样子！答案是：不是的！

虽然依恋类型改变不了，但实际上，每一种依恋类型都有其优点和缺点。我们要做的就是满足对方的需求，使得他的依恋类型的优点暴露得越来越多，持续的时间越来越长。那么相对来讲，他的缺点就会越来越少，持续的时间也就越来越短了。所以，两个人之间的关系就会变得越来越和谐了。

那么，如何做才能满足这3种类型的心理需求和情感需求呢？

1. "安全型依恋"

对于"安全型依恋"的人来讲，他的情绪和状态通常都是很稳定的。就算有情绪波动，那也是一个渐变的过程，而不会出现大起大落的突变过程。

所以，伴侣如果想让他一直保持一个良好的状态和表现，就要给他足够的鼓励。这样，当他的情绪出现一点点波动的时候，向负面情绪波动的动力就会被"鼓励"所带来的正向的动力所消除。这样，在整体上来看，他的情绪又被稳定在了一个比较好的状态。当"安全型依恋"的人的状态好的时候，他的表现和行为自然就会很好。

2. "回避型依恋"

对于"回避型依恋"的人来讲，他不是不可以和人产生亲密关系。对他来说，和别人维持亲密关系的过程是一种消耗。他可以负担这种消耗，但是当他觉得自己快消耗完的时候，是需要一点时间来重新积累新的能量的。在没有能量的情况下，他是无法维持亲密关系的温度的。于是，他就会表现出不耐烦、急躁和回避。

所以，他的伴侣如果想让他能够表现出他这个亲密类型的优点，就要时常给他提供一些"独处时间"，让他可以用这些时间来加油充电、积聚能量。如果能的话，最好不要等他能量快耗光的时候或者等他已经出现"亲密关系应对不良"的苗头的时候，再给他独处的时间。而要在他的状态还不错的时候，就少量多次地主动提供给他"独处时间"。这样，除了他可以很快恢复能量，持续保持良好的状态，他还会觉得你很懂他、很理解他，从而对你产生更多的爱。

3. "不安全型依恋"

对于"不安全型依恋"的人来讲，当他的"安全感"充盈的时候，他就是好人一个。而当他一旦感觉到"不安全"的时候，他就开始各种"作"。那么，他的"安全感"从哪里来呢？不同的人，"安全感"的来源是不同的。有的人，只要让他感受到"足够的关怀"，他的安全感就被满足了。有的人，让他感受到"足够的尊重"，他的安全感就被满足了。而有的人，让他感受到"足够的体贴"，他的安全感就被满足了……

所以，他的伴侣要在他状态比较好、愿意沟通的时候，先和他沟通他的安全感的来源。如果他自己都不清楚的话，那么就两个人一起来进行分析。分析好了之后，就时时刻刻地满足他的安全感，那么他就会把最好的一面稳定地表现出来。

好啦，没有经营不好的婚姻，只有没找对方法的经营。如果你想享受更好的婚姻，就先从搞清楚自己和对方的"亲密关系"入手。在搞清楚"亲密关系"之后，你就可以确定如何能让自己和对方长期保持一个良好的状态了。状态好了、心情好了、互动好了，那么整个家庭的关系，自然也就越来越好了。

爱情"短路"怎么破？

这天预约我催眠的，是一位32岁的女孩，她叫丹丹。

丹丹说："Vivian呀，我在10年前认识的我前夫。交往了5年之后，我们决定结婚。

"结婚2年后，我怀孕了，是对儿龙凤胎，我和老公都欣喜若狂。我们很爱我们的孩子，并且尽我们所能，为他们筹划了更美好的未来。

"几个月前，为了能够买一套学区房，我和老公办了假离婚手续。现在学区房的手续都办好了，前夫找我复婚，但是我……"

说到这里，丹丹停了下来，用手拿起搅拌棒，开始不停地搅拌着她面前的那杯咖啡。

大约过了1分钟，她停止了搅拌，深深地吸了一口气，有些犹豫地说："前几天，前夫找我复婚，但是我……我……好像……不太想复婚。我好像……找不到爱他的感觉了。

"我找你做催眠，就是想了解我自己的潜意识，搞清楚我到底是不是想和他复婚。

"如果我还爱着他，我想再继续预约你的心理咨询，找回爱的感觉。

"如果我不爱他了，我需要你帮我调整好我的状态，更好地照顾我的一对儿女。"

一个疗程的催眠做下来，我和她，没有很深入地聊过任何有关"婚姻"的话题。我只是引导她，让她自己在催眠中去寻找内心深处那个已经早就有了的关于感情的答案。

最后，她告诉我："Vivian，我搞清楚了，我是想和他复婚的。

"但是，在没有找到爱他的感觉之前，我是不会和他复婚的。"

其实，像丹丹的这种"爱情短路"的情况，并不是个案。

有多少段婚姻，都是在没有"第三者"介入的情况下，仅仅是因为"双方不再爱了"而分道扬镳。

就算还维持着的婚姻，有多少人还能向全世界骄傲地宣布："我爱他，并且他也爱我！"

甚至还有很多人一遍又一遍地对自己、也对别人重复着："婚姻嘛，时间长了，哪还有什么爱情，都是亲情了！"

对于这一点，我却完全不这么认为。

婚姻，绝不是爱情的坟墓。婚姻，因为爱情的存在，才会变得鲜活而有营养。没有爱情的婚姻，是可悲的！

当婚姻中出现了暂时的"爱情短路"，该怎么办？通常，你可以有以下3个选项。

第一，你可以选择不做出改变，或者美其名曰为"静观其变"。其实，这样"坐等"的结果，我们都是可以猜得到的。爱情中，如果当事人不作为，"爱情"这个"虚无缥缈"的东西，是不会自己把自己改善好的。所以，你所谓的"静观其变"，在我看来，就是消极被动的"破罐子破摔"。

第二，你可以选择不停地暗示对方、刺激对方，直到对方做出改变。其实，这样"站等"的结果，我们也可以猜得到。你是那个意识到了爱情出现问题的人，但是如果连你都不肯做出改变，你凭什么觉得对方就会做出改变呢？

第三，你也可以选择立即行动起来，把迷路的"爱情"找回来。这样做的结果就是可以引领爱情的方向，让自己的后半辈子幸福地享受高质量的婚姻关系。

这样分析下来，估计很多人都会选择第3个选项的，那么接下来的问题就是该怎么做才能把迷路的爱情找回来呢？

有的人说："我已经每天都对另一半说'我爱你'啦，但是似乎我的嘴骗不了我的心！"有的人说："我已经尝试经常去拥抱另一半了，但似乎每次拥抱的时候，他都觉得很别扭，我也觉得很别扭。"是的，我要告诉你，对于找回迷路的爱情，这些"每天说声我爱你"、"每天的拥抱"、"每天睡前亲一亲"的方法，都是无效的！

为什么？

在你对一个人没有感情的时候，你对他的言谈举止都是没有温度的。那些道听途说来的没有温度的"技巧"，是温暖不了你的心，也唤醒不了对方的温情的。所以，你无法通过这些浮于表面的技术手段来找回两个人之间的爱情。

那找回"爱情"的正确方法是什么呢？其实，要想找到两个人之间的爱情，就要先找到对方的优点。

想想你们当初恋爱的时候，是不是对方在你眼中，80%都是优点，只有20%是缺点。

而随着婚姻的继续，在日复一日的平凡生活中，"帕累托法则"的百分比被逐渐交换过来了。慢慢地，对方在你眼中，80%都是缺点，而只有20%甚至更少是优点。

当一个人在你眼中，只有一点点优点甚至没有优点的时候，他的魅力自然就无从谈起。一个对你来说毫无魅力可言的人，你怎么可能强迫自己的心去爱上他呢？！

所以，爱上一个人的前提，是看到他的优点；而找回两个人之间的爱情的正确途径，就是重新让自己看到他的优点。

这个方法说起来容易，做起来难。在很多夫妻咨询中，当我让夫妻双方在1分钟内说出对方的3个优点的时候，很多对夫妻都无法按时按量完成。

所以，如果你现在也是困惑于"我感觉到我们的爱情在消逝"的状态中，那么你需要做一个30天的计划。

在接下来的30天时间里，每天睡觉之前在一个小本本上写下对方的3个优点。

比如：

"他今天的头发好帅"；

"他今天好美"；

"他今天主动给我发微信了";

"他今天过马路的时候，主动拉着我的手";

......

每天必需写3个，并且今天写的和之前写过的不许重复。写不出来，不许睡觉！

当30天过去了，你的小本本上，就会有关于对方的90个优点了！不用说都可以想象得到，当你发现对方有这么多优点的时候，你会觉得对方是多么可爱、多么有魅力呀！在面对一个这么有魅力的异性的时候，爱情自然就会回到你的心里来了！

记住，婚姻，绝不是爱情的坟墓。婚姻，因为爱情的存在，才会变得鲜活而有营养。有爱情、有温度的婚姻，你值得拥有。

原来"离婚"是这样发生的

今天来预约我催眠的是一个看起来时尚干练的白领。她让我叫她欣欣。

欣欣说："Vivian，我刚刚离婚，状态不太好。需要你来帮助我做离婚后的心理重建。

"我和我老公，哦，不，是前夫，是在大学的时候认识的。但是，我俩不是一个学校的，更不是一个地区的。那个时候，我在山西，他在北京。

"我俩是在一次假期旅游途中认识的，属于一见钟情。几天的旅游结束的时候，我俩正式确定了关系，交换了联系方式，然后各自回家。

"大学4年，我俩一直处于异地恋的状态。大三的时候，我决定出国读研究生。他劝我不要出去读了，说出去的话，又是起码得两年时间的异地。如果想读研，不如考到北京的学校，这样我们可以近一些。

"我当时非常爱他，但是我更想在学业上有所追求。所以，不顾他的劝阻，我还是考到国外去了。"

"当时的他，非常生气，也很伤心。但我们两个人的关系，却没有因为地理距离的变长而变得疏远。

"我在国外读完硕士又读博士，一下子就读了5年的时间。我们的爱情是一场坚持了9年的异地恋马拉松。

"等博士毕业的时候，我本来已经拿到了外国公司的录用通知书，那意味着我可以直接换成工作签证在国外工作。但是他说，如果我真的决定在国外工作了，那两个人就分手。我在外面上学的时候，他起码还有个盼头，觉得等到我完成学业就可以回国找他了。但是，如果我真的在外面有了事业，他就没什么盼头了，还不如结束了痛快。

"我当时很纠结。我所学的专业确实在国内外都很好找工作。但是，在国外工作的话，会接触到更多更新的东西。但是，我如果一旦决定在国外工作，他就一定会和我分手的。经过再三考虑，我决定放弃国外工作的机会，回北京找工作。

"我学的专业在国内确实很抢手。准备回国时，我投的几份简历马上都有了反馈，要约我的时间做电话面试。等我回国之后，马上就做了面对面的面试。为了能够和他在一个城市，我最后入职了一家北京的公司。

"而且在同一年，我和他结婚了。经过了9年的异地恋，我们俩终于在认识的第10个年头结婚了，拿了那个红色的本本。我还记得，在我们异地恋的时候，每当我灰心丧气、难过的时候，我都会给他打电话。而他，不管是北京时间几点，都会在电话铃响的3声之内，接起我的电话。

"在那种情境下，我说得最多的一句话就是'为什么我们总是离得那么远？'而他说的最多的一句话就是'等这一切都过去了，我们一定会在一起的！'

"完婚后，我没有休婚假就立刻投入到紧张和令人兴奋的工作当中去。公司的老板们很欣赏我的工作能力，所以半年之内就破格提拔我到了一个很高的职位上。新的职位充满了挑战和诱惑。于是，我工作得更起劲了！

"而对比于我的意气风发，我的前夫却有些怀才不遇。他其实也是名牌大学的研究生，但可能是机遇或是别的什么问题，他的事业一直不温不火的。

"特别是等我被提拔到了新的职位上，我甚至觉得老公在嫉妒我。有时候他会抱怨说，我对他不如以前温柔，我陪他的时间不如以前多，等等。

"看我总是不理他这些话茬，慢慢地，他也就不说了。我还以为他是把自己调整好了呢。直到突然有一天，我无意间发现了他和另外一个女孩子的微信，我就明白了。

"当天我就提出了离婚，他说，为了让大家都有一个适应的过程。我们可以先分居，然后再离婚。

"我俩是在分居的第3个月去办理离婚的。分居的那段时间里，我更加疯狂地工作，完全不敢让自己停歇下来。因为只要一闲着，我就会完全陷入呆滞的状态。我的完全理性的大脑无论如何都解释不通，这一切到底是怎么发生的、什么时候发生的、如何发生的。

"办理离婚的时候，本来我们两个人都很平静，因为大家都是极为理性的人，都思考得很清楚了。但是，等到真的拿到那个绿本本的时候，我的眼睛里一下子就充满了眼泪，而他更是夺路而逃，我想他是不想让我看见他掉眼泪的样子。

"Vivian，你说，都想得那么清楚了，我怎么还会哭呢？直到离婚后的很长一段时间里，每每想起这件事，我还是会哭。我无法相信别人，无法相信爱情，我甚至连自己的能力都不再相信了。所以，我想让你用催眠的方法来帮帮我，帮我重新调整心态。"

确实，不是所有的爱情都能天长地久，不管是有10年的基础，还是有坚定的山盟海誓。那么，哪些因素可以预测"亲密关系"的解体？恋人或夫妻通常会如何分手？分手之后又需要经历怎样的情感和心理转变过程呢？

现在的离婚率已经是1960年时的2倍。并且，美国人的婚姻，大约有半数以"离婚"收场。而在加拿大，这个数字大约是40%。对于中国，自2007年以来，离婚率已经连续10年呈递增发展的态势。特别是在2012年，全国共有310余万对夫妻办理了离婚手续。也就是在2012年，离婚率的增幅首次超过了结婚率的增幅！2007～2016年，中国离婚人数累计达3062.8万对，累计增长率为98.1%！

婚姻是否能长久并不像很多人所想象的，仅仅取决于两个人是否有长久的爱情。其实，还有很多更现实的考虑因素夹杂其中，比如：对其他"可能成为伴侣"的人的忽视，对离婚的代价的恐惧以及道德感、责任感，等等。

在所有的决定因素中，伴侣间离婚风险的大小在很大程度上是取决于"到底是谁和谁结婚"的。根据格顾森（Gergusson）等人的研究结果，符合下列条件的夫妇，通常不会离婚：

25岁以后结婚；

都在稳定的双亲家庭里长大；

结婚之前谈了很长时间的恋爱；

接受过较好的且相似的教育；

有稳定的收入；

结婚之前没有同居过或怀孕过；

彼此之间有虔诚的承诺；

年龄、信仰和受教育水平相似。

需要注意的是，这些预测因素中，没有任何一个是可以单独地作为"稳定婚姻"的判断要素的。但是，如果某对情侣的情况跟以上各条全都不符的话，那么他们的婚姻必定要破裂。而如果一对夫妻符合以上全部条件的话，他们则非常有可能白头偕老！

对很多人来说，做出"分手"或者"离婚"的决定是个很艰难的过程。因为当做出决定后，自己的生活现状就要被打破。而这个驱动力下的"改变自身现状"需要付出太多"自身以外的代价"：父母和朋友感到震惊，对自己违背承诺所体验到的内疚，养育孩子的权利可能受限……

但是，每年仍有上百万对夫妻愿意付出所有的代价使自己获得解脱。那是因为他们觉得，比起离婚所付出的代价，持续一段痛苦而无所获益的婚姻，将使自己付出更大的代价！而且，心理学的研究证明，他们的感觉是正确的。在一项对328对已婚夫妇的研究中发现，"婚姻不和谐者"的抑郁症的患病率会比"婚姻美满者"高出10倍！

我做过的很多"离婚后心理重建"的客户，都会这样对我描述离婚后的感受："其实我俩早就没有感情了，而且也想得相当清楚了。但是那天，当我俩去把红本换成绿本之后，我俩都惊讶地发现，我们竟然会如此难受。"是的，深入而长久的依恋关系很难快速地分离。亲密关系的结束是一个"过程"，而不仅仅是一个"事件"！

在经历"亲密关系结束过程"中，当事人的情感和心理通常要经历如下5个阶段：逃避和拒绝、不满和气愤、纠结和摇摆、伤心和委屈、接受和前进。

1. 逃避和拒绝

这个过程通常发生在做出"分手"或者"离婚"的决定之前。当事人其实已经隐约觉得有什么地方不太对了，可能是"对方其实不是自己想象的那样"，也可能是"自己做不到对方要求的那样"，或者是"亲密关系已经出现了裂痕"，等等。但是，由于之前热恋过程中所建立起来的依恋关系，所以自己不愿正视这些感情中"不太对"的地方而选择逃避或者拒绝承认。

比如前面的那个案例中，有闺蜜提醒过欣欣："你不能再这么忙下去了，得多回家陪陪老公，照顾照顾他的情绪。而且，你赚的钱比他多，在家更要多听老公的，别让他觉得你在家趾高气扬的。"虽然欣欣也觉得闺蜜说的有道理，并且最近老公确实对自己有颇多抱怨。但是，因为毕竟两个人是相恋10年才结婚的，她相信两个人的感情基础是坚实的。所以她总会和闺蜜说："不会的，我家老公没那么小心眼，才不会在意这些呢！"

2. 不满和气愤

在前一个过程经历完成后，当事人会发现有些问题不管自己如何逃避都是躲不过的。虽然躲不过，但是自己又没有足够的勇气来正确面对，或者是去采取一些措施来解决问题。于是，自己只能用不满和气愤来发泄自己的委屈和无力感。在这个过程中，当事人既没有实际的行动，也无法下定任何的决心。

比如前面的那个案例中，欣欣感觉到老公对自己没有那么用心了，并且隐约感觉到对方可能喜欢上了别人。而当一切怀疑都被坐实后，欣欣就进入了"不满和气愤"的状态中。这个过程中，欣欣更多的体会是"不平衡"，想了很多的"这件事为什么会发生在我身上"、"我到底哪里没有做好"、"我到底忽略了什么"、"她到底比我强在了哪里"……

3. 纠结和摇摆

当经历完"不满和气愤"后，当事人开始正视两个人之间的关系并做出最终的决定。而当决定做完之后，因为之前两个人在一起的"惯性"，也因为两个人之间曾经的"美好"，所以当事人一方面会想"要不要再给我们一次机会"、"还有没有回头的可能"；另一方面会清晰地认识到"我俩再也回不去了"、"信任感和责任感都不在了"。这两个方面的考虑会并驾齐驱很长一段时间，所以当事人会出现对于所做出的"最后的决定"的纠结和摇摆。

比如前面的那个案例中，欣欣明确地知道"我俩已经回不去了。我绝对接受不了他的这件事情。而他，心离开了就再也不会回来了"。但是在分居的那段日子里，还是会忍不住给老公发个微信，问他在哪儿，干吗呢，记得添加衣服，等等。但是发完微信，自己又会后悔刚才的行为，甚至鄙视自己这种纠结和反复的行为。

4. 伤心和委屈

当最终理智战胜了情感之后，当事人会做出果断的行动。但同时，面对自己曾经的付出和期望，对于自己情感的失败，会感觉非常伤心，甚至会体验到"抑郁情绪"。

比如前面的那个案例中，欣欣在分居两个月之后，明显已经感觉到没有之前那么放不下这段婚姻了。但是，自己很明确地知道，每天的自己都是不快乐的。甚至就算自己已经和老公办理完离婚手续了，但她每天早晨起床后，还是会经常呆呆地在床边坐一会儿。然后，她明确地告诉自己，不能再这样坐着了，要收拾好自己去上班。这时，她才能起身去洗漱收拾和吃早饭。每天她都把自己搞得很忙碌，甚至忙得都不知道今天是星期几。如果某一天，真的没什么事情要忙了，她就需要叫上几个姐妹一起去吃饭、看电影、逛街，疯到筋疲力尽的时候，再回家睡觉。其实所有的这一切，就是因为当自己闲下来的时候，就会为这段逝去的婚姻感到伤心、难受和委屈。

5. 接受和前进

当事人调整完自己的状态和情绪后，才能够完全接纳曾经的一切：两个人的付出，曾经的美好，感情的破裂，挽回的失败，两个人的放手，等等。当完全接受了这一切过程和结果后，当事人才可以轻装上阵，过自己想要的生活了。

比如前面的那个案例中，欣欣在离婚后，经过一年的时间，再加上催眠的调节，才开始接受前夫的不忠诚和自己婚姻上的失败。当真正接受了之后，她才会以比较开朗的态度来面对新的生活和机会，才能逐渐去接受别的男孩对自己的追求，并试图让自己再次相信爱情。

一个疗程的催眠做到尾声的时候，欣欣问我："Vivian，你相信爱情吗？"

我说："相信！"

她继续问道："就算你做了这么多出轨、离婚、再婚的案例后，你还依旧可以相信爱情？"

我说："是的。不管我做过多少'不良婚姻'的案例，我依旧相信爱情！"

欣欣又问："不是从生理学上说，爱情的保质期只有6到18个月吗？说是大脑中有一种物质叫作'多巴胺'，这个物质是让人产生'热恋'感觉的生理激素。而这个多巴胺，只能持续地分泌6到18个月。所以，一个人对另一个人所产生的热恋的感觉，只能维持6到18个月。"

"是的，你说的这个结论，曾经是成立的。"

"曾经是？那现在呢？"

"你知道的，心理学是一门实验科学。因为实验的仪器在不断地创新，所以实验所出得的结论也在不断发展当中。"

"嗯，我知道的。那现在对于爱情的保质期有什么新的发现呢？"

"我刚刚看过的一篇心理学的论文，上面说最新的科学研究表明，让你产生'热恋'感觉的大脑脑区是可以保持活跃状态长达25年甚至更长时间的。也就是说，'热恋'的感觉是可以持续维持25年甚至更长的时间的。"

"真的？！太好了！虽然我现在可以再次相信别人了，但我还是对于'爱情'心有余悸。我曾经想过，10年的爱情基础都这么不堪一击，那我还能再和谁走进婚姻？我不会再有10年的时间来建构下一段爱情了。不过，听你这么一说，我感觉好多了。我觉得我如果把自己之前的做法调整一下，还是可以重新找到属于自己的爱情的！"

应对"痛苦婚姻"的4种行为模式

今天一整天的时间，我都泡在了某互联网创业公司。他们公司预约我给他们的整个高管团队做一对一的催眠调节。

本来他们预约的是"催眠减压"服务，所以我只要把他们的压力程度降低到一个健康的水平就好了。但是，当我给其中的一个高管做催眠的时候，他潜意识的反应模式却让我明显地感觉到他的"亲密关系的恶化程度"远比他的"压力状况"糟糕得多。

催眠完成后，我对他说："来，可以和我说说你的亲密关系的情况吗？"

他先是愣了一下，嘴唇动了动，又抿了一下，最后还是用牙咬住了下嘴唇。

我说："我们的谈话内容都是保密的，这个房间里面说过的话，只会留在这个房间里。"

他想了想说："我已经有3个月没有见到我的宝贝闺女了！"

"我很爱我的闺女，她今年4岁，很可爱。她成长的这4年，也是公司业务飞速发展的4年。

"我们这个创业团队，大家都很拼。虽然闺女的出生给我带来了莫大的幸福感，但我只是在家照顾了一周的时间就又回公司和大家一起没日没夜地继续拼搏。

"刚开始我老婆有一些抱怨，觉得我在家的时间太少了，不关心她们娘俩。我当时只是和她解释了一下公司的状况和我的职责，希望能得到她的理解。

"后来，她发展到经常闹脾气，甚至大吵大闹。我还在不停地解释，但是我已经跟他解释过无数遍了，她还是不能理解我、支持我。后来，我实在不知道该怎么安慰她了。

"而且那个时候，她生完闺女不久，我觉得她的状态变化可能和产后抑郁症有关。所以，我尽量冷处理，不想再刺激到她，希望她能尽快恢复到正常状态。

"再后来，她就经常和我冷战，不说话。周末的时候，因为我经常要去公司加班。到了周五晚上，她就会和孩子一起回姥姥家。一般到周日晚上再回到我们自己的家。

"那会儿我太忙了，回家就是个睡觉的工夫。所以，有时候她们周日晚上没回来，我也不会过问太多。"

"后来，她们有时候会在姥姥家住上一周的时间，通常她也不会和我提前打招呼。我呢，因为已经和她冷战太久了，所以家里没有她，我反而会自在一些。

"之后的日子，基本就一直是这样的零沟通。只有当要讨论闺女的事情的时候，我们才会说上几句话。我俩的状态，其实也挺奇怪的。说我俩不说话吧，我们也算不上有多大的矛盾。说家庭和睦吧，确实我们都感受不到太多的幸福和欢乐。我想，可能因为连接触和沟通的欲望都没有，所以也谈不上矛盾不矛盾吧！

"今年十一假期，我好不容易能休息一下，所以早早地我就预定好了行程，想好好带闺女出去玩一圈。当然，我老婆也一起去的。我们一家三口在外面玩了整整十天，回来我都没休息便又去公司上班了。

"等我下班回家的时候发现老婆又把孩子带回姥姥家了。

"因为和闺女朝夕相处了10天，突然回家看不到闺女，我当时心里别扭了一下。然后觉得这也正常，毕竟我老婆整个十一假期都没有回去陪她爸爸妈妈。这也算说得过去，我也没特别介意。

"之后，她们就一直住在了姥姥家。我没有发微信问她们什么时候回家，我老婆也没有发微信告诉我她们要在那边住多长时间，我们就这么僵着。

"僵到现在,我已经有3个月没有见过我的宝贝闺女了。而且她俩不在家的这3个月,空荡荡的房间让我的心也变得空荡荡的。你说,我为什么觉得这么孤独呢?

"本来,婚姻的痛苦我还能承受,但是现在,还要让我继续忍受见不到闺女的痛苦。我实在是受不了了。

"Vivian,你经验多,你帮我分析一下,面对这么痛苦的婚姻,我该怎么做呢?我是该'过'还是'撤'呢?"

是呀,当婚姻关系令人感到痛苦时,应该如何做呢?

让我们来把人们"应对痛苦婚姻"的行为模式按照两类标准来划分一下:一类是"能动性",即主动的 vs. 被动的;另一类是"效果性",即建设性的 vs. 破坏性的。

这两类标准互相交叉,于是就产生了4种行为模式。它们分别是:主动的建设性的、被动的建设性的、主动的破坏性的、被动的破坏性的。

"应对痛苦婚姻"的4种行为模式

	主动的	被动的
建设性的	主动的建设性的	被动的建设性的
破坏性的	主动的破坏性的	被动的破坏性的

下面,我们就来详细说说这4种类型在面对痛苦的婚姻关系时典型的行为特征、内在的心理需求以及会给婚姻带来的后果。

1. 主动的建设性的

行为特征：沟通！自己会主动地去整理自己的思路，思考两个人之间的问题，并且分析可能的解决方案。在分析到一个自己还算满意的程度的时候，会选择适当的时间和地点，用对方可以接受的方式尝试去和对方沟通。如果沟通暂时受阻，自己则会先采取一些改善的行动，期望自己改善的成果能够影响到对方，从而带动对方的改善。

心理需求：试图改善关系！自己虽然在婚姻中受到伤害，但是自己可以客观地认识到导致婚姻发展到现在这个状态的不是对方一个人的问题。所以自己可以放下身段，来优先做出改变。他不愿意消极地放弃这段婚姻，而是选择勇敢面对和积极行动，他会积极地做出努力来改善关系。

后果：当自己能够持续性地做出建设性的努力的时候，自己的心态首先会随着行为而发生改变。由于是自己在主动地做出努力，所以会更少地把自己的状态依赖于对方的一举一动，那么自己就会感受到越来越多的控制感和存在感，而自我价值感必然也会随之提高。同时，由于对方感受到了自己持续的变化，对方也一定会相应地做出改善，最后就会形成整个婚姻关系和家庭关系的改善。

2. 被动的建设性的

行为特征：忠诚！自己或者因为离婚的成本太高或者因为改变现在的状态太难，所以虽然现在的婚姻让他们感到不舒服，但是他们仍然会忠诚于伴侣，而不会在婚姻之外做出任何其他的动作。但同时，他们也不会主动地做出任何改善性的行为，甚至连这方面的思考都不会进行，他们只是在那里默默地期待昔日的美好光阴有朝一日能神奇般地重现。

心理需求：等待对方改善！自己会认为婚姻的问题完全是由于对方的问题而导致的，所以从自己的角度来说，没有任何做出改善的需求。由于自己认为是对方掌握着控制权，并且对方应该做出改善，所以自己会心安理得地"被动地等待"。不过，虽然自己拒绝主动做出改善，但是有足够的耐心和忠诚等待对方能够改善，所以婚内出轨这种事通常不会发生。

后果：这种行为的模式是一个极不稳定的模式，所以不会由这个模式导出任何明确的后果。这种"被动的建设性的"行为模式在持续一段时间之后，一定会向另外3种模式的其中之一转化。因为没有人可以在经受着痛苦和不适的同时一直保持着耐心的等待，来期望美好事情的发生。可能这种"被动的建设性的"行为模式等待可以维持3个月、也可能是3年。之后，或者是自己跳出"被动"的地步，变被动为主动，转变成"主动的建设性的"行为模式或者"主动的破坏性的"行为模式；或者是自己为了避免痛苦和失望，由"被动的建设性的"行为模式转变为"被动的破坏性的"行为模式，此时的自己不再有希望，不再有等待，剩下的只有逃避和漠视。

3. 主动的破坏性的

行为特征：退出！自己因为痛到极点或者有更好的可选择对象便毅然决然地选择退出目前的这段婚姻。

心理需求：结束婚姻关系！自己没有耐心再等待改善，并且自己对婚内伴侣的信心已经完全消耗光，所以这时心里的唯一念头就是离婚，不管是协议离婚，还是起诉离婚。并且当自己一旦做出这个决定的时候，对方的任何悔过和改善就不会对自己再起任何作用了。不论对方怎样说怎样做都不再会对这个决定有任何影响了。

后果：完成离婚的手续。

4. 被动的破坏性的

行为特征：忽略！自己既不想主动改善，又不相信对方可以做出改变，同时又不想打破现在的这种状态。于是，为了不让自己受到伤害，也不让自己继续失望，他们就无视对方的存在，并任由婚姻关系继续恶化。

心理需求：漠视对方的存在！自己用逃避的方式把婚姻内的痛苦和不满忽略掉。当把所有的感受忽略掉以后，情感上的分离便随之而来。对方在自己心目中的分量变得越来越轻，直至消失。而自己为了保护自己的感受，所以不再对婚姻和对方负任何责任。

后果：出轨或者"被离婚"。因为婚姻和对方不再能让自己依赖和喜爱，所以自己也不再对婚姻和对方负有任何责任。自己的这种"身份已婚，但心灵单身"的状态，一定需要另一段恋情的温暖，所以"出轨"是很自然的一个结果——不论是思想出轨，还是身体出轨。那为什么还有一种可能性的"被离婚"呢？因为当自己漠视对方的时候，对方也是一个不舒服的痛苦的状态。有可能自己的"被动"会刺激到对方采取"主动"。而因为对方已经感受到了自己的"放弃"态度，所以对方的主动模式多半会是"主动的破坏性的"，也就是对方要求"离婚"。

可以看出，在这4种行为特征当中，只有"主动的建设性的"是会导致比较好的婚内关系的发展。但实际上，很多人虽然明白这个道理，却迟迟不肯做出主动的行为。为什么呢？因为他会觉得"如果我主动改变了，是不是就意味着婚姻的问题是我导致的"，"如果我改变了，对方不改变，怎么办"，"我是有问题，但是对方的问题更大。为什么要我先来改变？明明应该他主动改变才对"。

当婚姻不和谐的当事人找我去做心理咨询的时候，从专业的角度出发，我会如何建议呢？

如果是婚姻当中的某一个人单独前来进行"心理咨询"，我会建议"谁来主动寻求专业的帮助，谁优先做出改变"。因为婚姻中出现的问题一定是由两个人共同导致的，虽然可能这个人多一些，那个人少一些，但肯定是感到最难受的那个人会最早来寻求专业帮助。

既然他主动来寻求专业的帮助，那我完全相信他有足够的行动力来做出有效的改善，并且当他一旦做出了改善之后，他就会发现其实整个家庭改善的方向是向他个人改善的方向靠近的。也就是说，他的改善，一定会带动对方的改善，最后会完成整个婚姻关系的改善。

如果是婚姻当中的双方共同前来进行"婚姻调节"。我会建议，谁曾经在婚姻关系当中占主导地位的，谁优先做出改变。道理和上面是一样的，那个占主导地位的人的行为会更多地影响到对方，影响到整个家庭改进的效率。

所以，请记住，在痛苦的婚姻中，谁主动做出建设性的改变，并不意味着这个人就理亏，也不意味着婚姻的主要问题应该由这个人来承担。其实，主动做出改善的那个人因为会引领对方的改善方向，所以在无形中他就拿到了整个家庭改观的领导权，成为家庭中全新的互动模式的总设计师！

不要觉得你主动改变了，就是你亏了。实际上，谁主动做出改变，谁就会重新拿回家庭的引导权哦！

全职太太，如何才能被看见

现在，有越来越多的机会让一位职业女性转换角色成为全职太太。下面列出的每一种情况都会让一定比例的女性甘愿把家庭的需要放在事业之上，从而退出事业舞台，回归到家庭生活中去。

结婚时，老公说："公司离家那么远，你又赚不了太多的钱，还是辞职算了。"

怀孕后，朋友说："你的妊娠反应那么严重，还是辞职在家安心养胎吧！"

生完孩子，自己觉得："孩子的前三年是亲子关系建立的关键时期，我还是辞职在家好好陪伴孩子吧！"

老二出生了，亲戚说："家里又是老大又是老二的，老人们怎么照顾得过来，你还是辞职在家照顾两个孩子吧！"

孩子上幼儿园了，老人说："幼儿园的孩子最容易互相传染发烧感冒的，与其为了孩子生病总得请假，你还是辞职在家，踏踏实实照顾孩子吧。"

孩子上学了，家人说："孩子的学习可是大事，你还是辞职在家好好辅导孩子的功课吧。"

……

全职太太的生活在别人的眼中是无限舒适的：每天不用上班，悠然自得，白天只需要带一下孩子或者只需要接送一下孩子，其他时间可以自由支配，多么随心所欲呀！

但实际上，我接过很多心理咨询的案例，绝大部分是来自于全职太太的。她们的状况并不如我们外人所想象的那样，她们有着各种各样的烦恼和担忧。而她们中普遍存在一个共同的烦恼和担忧就是"我的付出和价值为什么没有人看到"。

"不被人看到"是她们在物质、精神和情感等多个方面上的"被禁锢、被忽视"所导致的。

　　在物质上，她们没有工作，也就意味着没有了收入的来源。虽然老公每个月都会给家用的钱，但是这个钱花起来都是有数的，并没有那么顺理成章和随心所欲。不像自己赚钱的时候，碰到喜欢的口红，可以冲动一下，每个色号买一支。

　　有些家庭，老公也会把自己信用卡的副卡给老婆用，但是因为每笔消费的时候，老公那边都会收到账单。虽然老公无意查账，毕竟会有种被别人实时监控的感觉。久而久之，全职太太在物质上面的需求和冲动就被禁锢了，继而被忽视了。

　　在精神上，因为妈妈的关注点从小宝宝出生起，就自然地聚焦于小宝宝的身上。再加上成为全职太太的重要原因之一就是要照顾孩子，所以她们从所看的书籍到参加的微课和培训，再到听的歌曲和研究的菜谱，直至和身边的人谈论的话题，都只是一个主题：孩子！慢慢地，全职太太发现自己和周围人的精神世界正在开始脱节。

　　比如，昔日的同学们想组织一次聚会。于是，大家在微信群里热火朝天地讨论着哪家的精酿比较赞或者哪个火锅店是Hello Kitty的牛油。但是全职太太发现自己一点都插不上话，因为自己知道的只是全市的那几家亲子餐厅。而在聚会的时候，同学们聊着大大小小的社会八卦。但是全职太太发现，自己又是一点都插不上话，因为自己知道的只是小区里的小朋友家的近况。聚会结束后，大家意犹未尽地要去唱歌，点的都是现在热播或者打榜的歌曲。但是全职太太再一次发现自己还是插不上，因为自己耳熟能详的就是孩子的儿歌。整个聚会从筹备到尾声，虽然全职太太在那里，但是完全没有参与感。她能够很真切地感受到自己和周围人的精神层次和关注点，完全不在一个水平上。因为日夜围着孩子转，久而久之，全职太太觉得自己在精神上面的丰富性和多样性被禁锢了，继而被忽视了。

在情感上，因为自己社交的圈子从工作范围缩小到家庭范围。全职太太总会有太多的沟通、理解和交互的需求无法被满足。白天的时候，或者对着孩子，或者家中空无一人，偶尔想给朋友打个电话聊一聊，还需要提前和朋友约时间——因为朋友在上班，比较忙。等到大家都下班了或者周末了，终于朋友们可以约到了，但此时孩子也在家。自己的职责又似乎不允许自己把孩子扔家里，跑出去和朋友约会。

除了朋友之外，全职太太情感需求的一个重要指向对象就是自己的老公。而有能力让老婆辞职回家做全职太太的男人，通常都是比较忙碌的——因为只有这样，他才有可能赚到足够的钱来负担家庭的全部开销。而老公每天忙碌，在家的时间必然会很少。全职太太在老公每天待在家里的那点短暂的时间里，却无法从老公那里获得足够的陪伴和关心。如果全职太太心生不满，有一些情绪和状态变化，还会被指责说"你别没事找事啊，我这一天到晚地上班，累着呢！你能不能让我清净一会"！久而久之，全职太太觉得自己在情感上面的表达和发泄渠道也被禁锢了，继而被忽视了。

因为从物质到精神再到情感都被禁锢和忽视了，全职太太开始感到迷茫和困惑，不知道自己为什么做了这么多，但就是不能被这个世界看到。她更会一遍又一遍地问自己"我是谁"和"我能做什么"。

"没有存在感"的感觉真的很难受！那全职太太怎么才能找回自己被忽视的价值呢，并且得到别人的认同呢？

其实，对于全职太太来讲，从来没有人会认识到你的"真正的价值"。甚至没有人会关注你的"真正的价值"是什么，他们只关注他们"看到的"你的价值是什么。

先让我来给你讲个故事吧！

Alice在大四那年认识了比她大12岁的男朋友。毕业之后，Alice没有去找工作，而是结婚做了全职太太。

Alice会吹长笛，在学校的时候，一直参加交响乐团的活动。结婚之后，每个周末，她依旧坚持参加乐团训练。

过了几年，Alice怀孕了。因为妊娠反应比较厉害，所以她停止了一切活动，在家好好休息。

生完宝宝之后，Alice又把自己全部的精力都放在了宝宝身上。她觉得，自己之前在家无所事事地做了那么长时间的全职太太，现在终于能体现自己的价值了。于是，她更加任劳任怨地照顾着宝宝。

随着宝宝一天天地长大，Alice却觉得自己越来越不快乐了。她越来越觉得，睁眼闭眼都是家里这几间房子的活动空间，白天黑天都是照顾孩子的那点事情，自己快要被框死了。一天，她在收拾屋子的时候，无意间瞥见了角落里那个落满尘土的长笛盒子。猛然间，她意识到自己曾经的生活是那样地多姿多彩。

她想要回到那样的生活中去，她想要每个周末出去半天的时间参加乐团的排练。但是，她不敢和老公说。倒不是老公在强迫她什么，而是她觉得自己是一个全职太太或者说是全职妈妈，她天然的职责就该是照顾孩子。那她怎么可以大周末把孩子、老公扔在家里，自己一个人跑出去排练呢？那家里还养她这个全职妈妈做什么呢？她的价值还体现在哪里呢？

于是，她就这样一直忍着，继续忍受着那种快被框死了的那种感觉。她心中的不满和难受在一天一天地积累着。终于有一天，她觉得自己再这样下去就会被憋疯了，她打算和老公商量一下，自己每个周末出去半天去乐团排练，换换环境和心情。

为了能够让老公顺利同意，她还做好了时间上的计划：前一天出去多买了一些菜回来，到了周末的早晨，起来给老公和孩子做好早饭和午饭，然后出去排练。按照排练结束的时间来计算，自己下午回家后再准备晚饭是完全来得及的，这样做可以把对老公和孩子的周末生活的影响降低到最小。

一切都计划完毕之后，她还是不敢和老公说，因为她觉得把孩子甩给工作了一周的老公带，实在是不应该！

后来，我对她说："Alice，你要知道，你平时在家没有休息没有偷懒，你一直在工作。当'妈妈'是一个24小时随叫随到的工作。所以，你值得拥有周末的半天休息！你值得！你值得！"

然后，在某一天的晚上，她忐忑地和老公提起了这件事，并且把自己的时间计划也说了出来。老公听了以后，没有任何迟疑地说："你去吧，我和孩子在家没事！"

Alice发现，因为每周能出去半天排练，自己的心情和状态都变得大好。一周的其他时间，当面对孩子和老公的时候，她照顾得更加有滋有味了。而老公呢，因为Alice在家又有说有笑的了，所以老公也觉得家庭的氛围变得越来越和谐了。再看看老公和孩子的关系，以前因为Alice带孩子的时间长，就算周末老公在家，孩子也不跟老公玩而是黏着Alice。孩子不理自己，老公也没什么兴趣和孩子互动。而现在，Alice周末要出去半天，孩子只能和爸爸在一起。慢慢地，孩子和爸爸之间的互动变得越来越好，亲子关系也变得越来越融洽了。老公还总会和父母们说："都是我们家Alice治家有方。"

Alice做的事情，从来就没有变。她之前，只是一直不觉得自己有资格申请这每周半天的休息时间，结果就真的没有人觉得她有这个资格。后来，她把自己重新定义为"我有资格休息这半天，同时我依旧可以做一个合格的妈妈"，结果大家就真的这么认为了。并且她休息这半天是一个特别正确、特别英明的决定——她给自己的定义不同了，别人认识到的她的价值就不同了。所以，对于全职太太，没有人会关注你的"真正的价值"是什么，他们只关注你是如何定义你自己的价值的。

我再来讲一个小故事。

Coco怀孕前是公司的会计。怀孕以后就辞职安心在家待产、带娃。

眼看着娃已经3岁上幼儿园了，Coco白天的时间逐渐多了起来。Coco的老公觉得反正Coco在家也是待着，还不如到自己的公司里来给自己帮帮忙。于是，老公公司里面的账目、税务、工商等所有杂七杂八的事情就一股脑地扔给了Coco。

Coco因为自己能够更多地帮助到老公觉得十分高兴。在外人面前，说起自己的职责范围，Coco从来不贪功，只是谦虚地说："我就是个跑腿打杂的。"

有一次，Coco到我这里做咨询，说起自己的日常生活，无意间蹦出了这句"跑腿打杂"的介绍。我对Coco说："Coco，你要改变描述自己的方式。你对自己的描述实际上是在向别人传递着你的价值。你应该好好想想你的价值是什么，然后再重新组织语言来描述你自己！否则，没有人有耐心去挖掘和看到你的价值。"

慢慢地，Coco对自己的描述改变了，从"我就是个跑腿打杂的"到"我负责公司的整体财务状况"。前几天，她高兴地告诉我，她老公觉得早就应该给她CFO这个职位了。她老公是这样说的："你一直在公司中，做了很多很重要的工作，这个职位早就该是你的了。我都不明白为什么我没有早点给你！"

Coco的工作内容从来就没有变，她之前只是在向别人传递自己的价值的时候一直谦虚地以"跑腿打杂"来形容，结果大家真的觉得她就是个跑腿打杂、无关紧要的人。后来，她在给别人传递价值的时候，正确客观地以"负责公司整体财务状况"来描述。结果，大家就真的觉得她是一个很重要的人，负责着一摊很庞杂的事情——她向别人传递的有关自己的价值描述不同了，别人认识到她的价值就不同了。所以，对于全职太太，没有人会关注你"真正的价值"是什么，他们只会关注你是如何传递你的价值描述的。

总结起来看，前一个故事是关乎"你是如何定义你的价值的"，后一个故事是关乎"你是如何传递你的价值描述的"。那么综合起来，作为一个全职太太，别人所能看到的你的价值，取决于"你是如何定义你的价值的"以及"你是如何传递你的价值描述的"。

如果你也是一个全职太太，如果你也困惑于如何让别人看到你的价值。考虑一下，你该如何改变"你对自己的定义"和"你对自己价值的传递"。重申一次，对于全职太太，从来没有人会认识到你"真正的价值"，甚至没有人会关注你的"真正的价值"是什么，他们只关注他们"看到的"你的价值是什么。

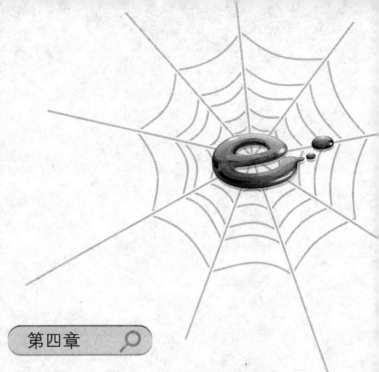

第四章

要爱不要害，亲亲我的宝贝

教育投资如何做到事半功倍？

"放养" ≠ "野养"

高能家长为何养出低能孩子

我的完美主义为何成了孩子人生的枷锁

离婚后，1/7 的亲子陪伴时间，100 分的爱

警惕！青春期自杀！

亲子沟通的秘籍

教育投资如何做到事半功倍?

这天来约我做咨询的,是一位孩子的妈妈,她叫Amy。

Amy说:"我家孩子现在上小学。我和老公都很忙,所以孩子每天放学后的时间,我们就给她报满了课外班,周末也不例外。

"但是,在和孩子沟通课外班的这个问题上,我碰到了一个问题不知道该怎么办,需要你帮我寻找一下解决方案。

"我家孩子开始学这些课外班的时候还都蛮有兴趣的,但是在学了一年半左右的时间时,她就会打退堂鼓,说不想学了!

"如果她只是对一两个课外班是这样的态度的话,我还可以接受,因为孩子对于一些东西兴趣不太大也是正常的。但问题是,我现在发现她基本上对每一个课外班都是这样的一个模式:刚开始时挺有兴趣,学了一段时间后就不想学了。

"我现在特别纠结,不知道该怎么办!

"你说吧,孩子已经明确表示她不想学了,如果我要继续强迫她学下去，她肯定学不好呀。耽误时间、耽误钱不说，还会破坏她整体的学习兴趣以及和我们之间的亲子关系。

"但是如果她一说不想学我就允许她停下来，那以后她会不会特别容易就放弃一件事情呀？而且每个东西都是学到有点难的时候，她就会产生畏难情绪，想要放弃，长此以往，她会不会一事无成呀？"

我问Amy："从你的角度来讲，你觉得让孩子参加这么多课外班，孩子应该是一个什么样的态度呢？"

Amy说："说老实话，我觉得孩子上这么多课外班一定特别累。但是我也没有办法呀，家里没有老人帮我带，我只能把孩子送到课外班上去。"

我又问："你除了带孩子上课外班，有没有带孩子看过体育比赛、音乐会、画展、话剧、演讲现场等。"

Amy不解地看着我说："Vivian，我刚才说过了呀，给她报这些课外班就是因为我没有时间，当然我老公也没有那么多时间，所以我们没有带她看过体育比赛、音乐会等的节目。"

我说："你先别着急，你等我给你分析一下吧。首先，你自己都觉得孩子上这么多课外班是一种'负担'而不是一种'乐趣'，所以这种'上课外班 = 负担'的想法会通过你的言谈举止传递给孩子。那么，当孩子遇到困难的时候，选择'放弃'而不是'坚持'也是一个正常的结果。所以，你今天回去，好好看一下你给孩子报的兴趣班，明确一下，这些课程到底会给孩子带来什么样的好处或者快乐。明确了这些后，你的'负担'观念自然就会转变了，而你的转变才能带动孩子的转变。

"其次，孩子对于一件事情的'坚持'，除了需要有'意志品质'的参与，更重要的是要有'兴趣'或者是'愿景目标'的激励。兴趣和愿景目标怎么培养？一个最简单和最有效的手段就是带孩子去看体育比赛、音乐会、画展等。让她看到，那些坚持下来的人站在聚光灯下听别人欢呼、被别人欣赏的那种感觉。孩子，一定会被这些感染，进而产生兴趣和坚持下去的动力的！"

Amy一边听着我的分析，她一边频频点头，然后又摇了摇头，问我："Vivian，你分析得有道理。但是，学习这些课外班，真的会很苦。比如说孩子练钢琴吧，开始练琴的时候，几个星期的时间，就能弹好一首曲子，孩子很高兴，很有成就感。

"但是随着曲子越来越难，孩子就练得越来越烦躁。特别是弹练习曲，练了半天也练不好，再加上练习曲的旋律也没有那么好听，孩子就越来越不想弹琴了。

"对于练琴，我自己都觉得很苦。虽然我知道学音乐可以培养孩子的艺术修养，但我还是觉得很苦。所以，我真的不知道该怎么让孩子积极乐观地看待这个事情。"

看着Amy一幅苦不堪言的样子，我给Amy讲起了我的亲身经历。

我和很多个"那个年代"学乐器的孩子一样，在三十多年练习小提琴的过程中，斗争过、反抗过、快乐过、享受过。如果让我说说我现在对于会一种乐器并且能经常上台演出的感受，那就是两个大大的字——骄傲！

在这个"骄傲"的背后，满满的都是既流汗又流泪也流血的积累。

三四岁开始学琴，每周去老师家上1次课，每天在家练习1个小时到8个小时不等。

10岁开始，除了每周1次的琴课，还要去交响乐团排练1天。我们那会儿还是每周上6天课，只休息1天。也就是说，唯一能休息的一天，我还要去交响乐团排练。

12岁开始，除了每周1次的琴课和每周1天的排练，假期全部用来参加交响乐团的排练和演出。

18岁的时候，牛人就去上了音乐学院，为艺术奉献终生。而像我这种非牛人，就被保送去学了个计算机硕士，做了软件研发项目经理。后来，我又学了个心理学硕士，转行做了心理咨询师和催眠师。同时，我还继续拉我的小提琴，在交响音乐会上演出……

看到这里，你可能会说："学乐器太苦了！平时、周末、假期，连个休息的时间都没有！小小的孩子，一定很痛苦，不快乐！"

那你就大错特错了！

回想当年，整个乐团有200个孩子，从来没有谁抱怨过排练占用了自己的休息时间。其实，我们当时都觉得排练很好玩，所以每天都很开心。况且我们每个假期都能去外地、外国演出，又吃又玩又演出，觉得生活过得充实无比。

或者你会说："学乐器太轻松了！随随便便就能从3岁坚持学到了100岁！"

那你就又错了！

我们这些坚持学下来的都是当年"起义"的时候被镇压下去的，"起义"成功的孩子们早就不学了（当然，他们大多在成年后都幻想着能够再把乐器捡起来）。

姑且不谈我们当初的学琴是不是从兴趣出发的，就算是，在学琴过程中也会觉得练习曲过于枯燥、协奏曲遇到无数个瓶颈，让你质疑自己的能力而想放弃。所以，对于学习乐器并且能坚持下来的人都是百折不挠、永不言弃的强者。在音乐当中如是，在事业、生活、人生当中，亦如是！

我明白，大多数家长让孩子学习乐器的目的不外乎如下几种：

开发右脑，变得更聪明；

小女孩学乐器，气质好；

小男孩学乐器，可以让他更坐得住；

培养一个爱好，让孩子有更多的途径来表现自己、表达情绪；

提高音乐素养，增加对音乐的理解；

提高孩子的各方面储备，让孩子成为一个更全面的人。

基于这样的学习目的，家长在挑选乐器的时候就会很纠结。因为初心不是想让孩子成为音乐家，甚至连孩子能不能坚持下来都没有把握，所以首先家长对于乐器的初期投入就会很犹豫。

比如学钢琴吧，买琴的钱一下子就是两三万，放家里还占很大一块地方，不过要是孩子能坚持学，起码十多年不用换琴。

比如学小提琴吧，虽然儿童琴是几百块钱一把，但是随着孩子的长大，几个月就要换一次琴，这个投入累计起来也不小。到了初中换成人琴的时候，也是动辄好几万的花销。

再比如学管乐吧，除了对孩子的牙口有要求，管乐的费用就更贵了。

所以家长们对于自己给孩子选什么乐器，这个乐器能不能引起孩子的兴趣，那是各种纠结。我也经常会被家长问："您说我家孩子应该学什么乐器呢？"其实对于选择什么乐器来学习，选择权不该在我，也不该在家长，而应该是由孩子自己来决定！

家长会说了，孩子他懂什么，他那么小，对什么都有兴趣（或对什么都没有兴趣），他怎么知道该学什么乐器呢？

其实不是孩子不知道，而是家长没有提供机会让孩子去感受和选择。而且家长还在私自看好了一件乐器之后，硬塞给孩子让他去学习。当孩子不想学的时候，家长还会责备说，你知道这让我耗费了多少心思、精力、时间和金钱吗？其实，对于乐器的学习和坚持来自家长的"强迫"和"责备"都不是有效好用的方法。

既然我们想让孩子在小小的年纪里出于自己的兴趣去选择乐器，并且让孩子因为真正的热爱而能够坚持练习乐器，那我们应该在孩子学习乐器之前做好以下两件事情。

1. 多去现场看音乐会

是的，是去现场，而不是在家听CD，并且不要担心说，我家宝宝才5岁，太小了听不懂怎么办？告诉你，3岁之前的小宝宝就可以听，并且他们真的会安静地欣赏。

小宝宝在每一次现场欣赏的过程中会用眼睛看到每一种乐器的外形，用耳朵听到每一种乐器的音色，用心感受到每一种乐器的演奏者的气场和形象。而这些元素都可能会发展成为他最终对某一个乐器感兴趣的根本原因。

比如，有的小朋友就会在听钢琴协奏曲的时候，因为钢琴家的那种行云流水的感觉而喜欢上钢琴；有的小朋友会在听《彼得与狼》的时候，因为可爱的"小鸟姐姐"而爱上长笛。

而我家的元元小朋友每每在听完我的音乐会之后，都会眼里放光地对我说"妈妈，你的晚礼服好漂亮。我也要好好学小提琴，穿着和你一样漂亮的礼服，在台上演出"。所以，一直以来，支持元元学习小提琴的动力就是"漂亮的晚礼服"和"上台演出、接受掌声和鲜花"的愿景。

我是从元元2岁的时候，开始带她去现场听音乐会的，平均每个月听至少一场。而我自己的交响音乐会，她更是场场不落。慢慢地，我没有特别刻意地教，但是交响乐团里所有的乐器她都能分辨出来、叫出名字，还可以根据听到的音色来分辨出是什么乐器。

最关键的是，因为看了很多场音乐会，她已经看到、听到、感受到了每种乐器的魅力。所以，她很明确地表现出来了对小提琴的兴趣，并且主动要求学习小提琴。所以等到她4岁的时候，她已经积累了很长时间的学习小提琴的渴望，终于可以得到满足了。而我要做的，只是顺水推舟地同意她学习、帮她请一个老师而已。

2. 多在路上听音乐CD

音乐会再好，顶多也是一周去一次或者一个月去一次。但是，怎么培养孩子对交响乐的亲切感呢？多听音乐CD呀！

每天我们遛娃或者接送孩子上学，花在路上有那么多的时间，正好可以利用起来给孩子多听交响乐。

有家长会说了，给那么点大的小孩听交响乐，他能听懂吗？试问，你天天给孩子听《小苹果》《最炫民族风》，孩子听多了是不是也能跟着节奏扭屁股跳舞了？所以当你天天给孩子听《小步舞曲》《莫扎特弦乐小乐曲》的时候，孩子也一样能跟着跳起来并且模仿着唱出来。

退一步，我们再回想一下，孩子刚能扶着桌子站的时候，是不是每个家长都乐于放音乐来看小宝宝扭屁股。那个时候，不管你放什么乐曲，孩子都是一样能跟随节奏扭屁股的。所以，孩子对音乐的感受性是天生就有的。但是因为后来我们限制了提供给孩子的音乐种类（只听儿歌或者只听洗脑歌曲），基于"用进废退"的原理，于是孩子就渐渐丧失了对于交响音乐的感受力。

所以，音乐CD一定要多听、多听、再多听。如果想让孩子对

《田园交响曲》像对《找朋友》一样能哼唱出来，那只要播放同样次数的《田园交响曲》就可以了。

可能你会说，在孩子小的时候，确实可以做到上面的那两点。但是随着孩子课业负担越来越重，自然没有那么多时间去听音乐会了呀！上下学的路上，可能还要听英语或者抓紧时间睡会儿，那怎么办？

其实，每练习一个曲子就是经历一次人生。而当练完一首曲子的时候，潜移默化间就会让孩子对人生的认知更深入了一些。当孩子对人生的认知到达一定的深度的时候，他练习乐器的方法和对待困难的态度就会稳定下来。那个时候，她的整个学习习惯就会进入到一种"自驱动"的良性循环里面去，家长的干预和引导就可以逐渐减少了。

比如，在练习曲子的过程中，每个孩子都会经历一开始的顺利和轻松、中途的挫折和瓶颈、后半段的挣扎和突破以及最后的成功和喜悦——就如同人生的很多过程一样。

所以，每练习一首曲子，练琴的人都会体会到挫折和瓶颈只是暂时的，只要能够找到有效的方法，持之以恒，最后的成功就一定会到来的！

而当这种对待挫折和困难的认识固定下来，对待之后的乐器练习以及对于所有生活和工作上面的事情便都会用这种思路来判断，这样自然就成就了这个人"不畏困难，持之以恒"的做事态度。

作为一个练了三十多年小提琴的人，并且我身边有上百个和我一样坚持下来的执着于练琴的人，在所有这些人身上都写着大大的"骄傲"。虽然我们苦过、累过、想放弃过，但是我们坚持了、战胜了、证明自我了！当家长带孩子多看音乐会，多听音乐CD，孩子也会在学习乐器的过程中，不断地战胜自己、证明自己，体会到一次又一次的"骄傲"的！

同样，如果孩子正在学习一些体育、美术、语言方面的技能，带他们去现场观看、去感受、去体会，让孩子们用"现场气氛"去激发自己的"兴趣"，调动起孩子的"自驱力"，这样孩子自然会对"兴趣班"感兴趣了。

"放养" ≠ "野养"

前两天做了一个心理咨询，来访者是一位世界500强公司的高管。她，带来了一段孩子上课的视频。

这个几秒钟的小视频是孩子所在的英语培训班的老师发来的，录的是外教老师和孩子们的课上互动情况。

我看了一遍，没有看出什么特别之处。

她又给我放了一遍视频，并且提醒我注意在视频快结束之前背景声音里面有一个极其模糊和微小的声音在说："你看那个童童，多笨呀，什么都不会！"

她说："童童，就是我的闺女，今年6岁了，这是我们给她报的第一个兴趣班。

"其实，我一直是反对给孩子报班的，因为我们要给孩子'快乐教育'。

"我和老公都在外企工作，知道语言这个东西学得早不如用得多，太早学了也没用。虽然周围的小朋友早早地去学了英语，但我们俩仍是顶住了环境的压力，没让童童学。

"这不，马上9月份要上小学了。为了幼小衔接，我这才在春节后给童童报了这个英语培训班。

"第2天上完课，童童就说她不想去了。她说因为别人都会的东西，她不会。当时我还安慰她说，只要努力就行了，妈妈不要求你什么。

"第4天上完课，童童回来就哭了。她说她很努力地听讲，但就是听不懂。还问我，是不是因为她太笨了。

"每天上课，老师为了让家长了解上课的情况，都会发几段小视频到家长群里。刚才那个视频是第5天上课时候，老师发出来的。

"我估计任何人都不会注意到视频结束前那句模糊的话。我不知道小朋友说这句话的时候童童有没有听到。但是，我听到了。听到了以后，我哭了。

"童童现在很抵触学英语。不仅如此，在尝试其他东西之前，她都会先说'我笨，我不行，我学得慢，我听不懂'。

"她才6岁呀，就觉得自己什么都不行。Vivian你帮我分析一下，这个是不是已经影响到她的自信了呀？会不会影响她的人际交往呀？会不会造成她以后厌学呀？会不会让她形成悲观的思维方式呀？

"我可一直都是秉承'快乐教育'的观念呀！可我这还没开始'教育'呢，她怎么就已经不'快乐'了呢？"

面对这位焦虑、伤心的高管妈妈，我看得出她对孩子的无限心疼和爱护。她决心要给孩子一个快乐的童年，并且能够在周围所有的孩子小小年纪就去上各种培训班的情况下，保护孩子的私人时间被零占用。这位妈妈将"快乐教育"进行到底的决心不可谓不大。

但实际上，这位妈妈和很多自认为是"新时代的家长"一样，不小心进入到了一个误区。他们认为，让孩子的童年与"教育"隔离，在"最自然、最野生"的环境中用傻吃傻玩傻睡来度过，就是家长能给孩子的最纯粹的"快乐教育"。拜托！"快乐教育"，没有"教育"，何谈"快乐"？"散养"，甚至"野养"，绝对不是"快乐教育"！

我们所知道的最极端、最纯粹的"散养"例子就是被野兽在旷野里抚养大的人类的孩子，也就是所谓的"狼孩"了。

他被野兽抚养，没有经历任何人类的教育应该是很多人定义中的"快乐教育"的典型人物吧。他，快乐吗？如果用"狼"的标准来衡量，也许他是快乐的。但是用"人"的标准来衡量呢？作为家长，你希望用"快乐教育"培养出来的孩子，他以后的"人生质量"是用"狼"的标准来衡量呢，还是用"人"的标准来衡量呢？

很多人认为，学习是个苦差事，是件很讨厌的事情，是跟"快乐"互斥的事情，所以越晚接触，孩子的童年才会越快乐。但是，学习真的是个苦差事吗？孩子真的天生就讨厌学习吗？有了"学习"，就没了"快乐"吗？

你有没有设想过这样一种可能：孩子，天生是喜欢学习的！回想一下，一个生下来只会哭的小婴儿，到3岁的时候，会走会跳会交流，会管理自己的吃喝拉撒，甚至有的孩子，还可以唱歌跳舞讲故事。这3年间，孩子要学习多少东西呀！而且在学习这些东西的过程中，他要经受多少挫折呀——想想孩子学走路的时候，摔过多少个跟头，你就知道了。但是，尽管有这些挫折，尽管在学习这些东西的时候，并没有人强迫他，他有放弃过学习和练习吗？没有！为什么？因为学习本身就是一件好玩的、快乐的、有成就感的事情。所以，孩子天生是喜欢学习的！

那为什么会随着年龄的增长，有的孩子会讨厌学习甚至发生厌学和自杀等极端情况呢？其主要有2个因素：第一，因为家长觉得学习很苦，所以在潜移默化间会把这种感觉传递给孩子。慢慢地，孩子会从开始的喜欢学习转变到后来的讨厌学习，到最后的拒绝学习。想一想，你是不是经常会听到一些家长说："唉，妈妈就不喜欢学英语"，"爸爸上历史课的时候，总是觉得没意思，所以总会上课睡觉"。第二，虽然"教育"和"学习"本身不会造成孩子的不快乐，但是枯燥乏味的"教育过程"会造成这样的结果，而急功近利的"教育目标"更是会扼杀孩子的兴趣和热情。

对于第一个因素，我们很容易想出应对的办法。那就是即便家长的学习再烂、曾经的学习过程再痛苦，当着孩子面的时候，都要尽量少说些对于学习的消极看法，多说一些积极看法，这样才能加强孩子对于学习的渴望和对于新知识的好奇。

在学习的过程中，当然不是一帆风顺的。而当孩子遇到挫折和困难的时候，激励孩子继续向前的助推剂恰恰是这些自发的"渴望"和"好奇"，而绝不是"再多做一张卷子，回头带你吃麦当劳"或者"你要是能把课外作业也做完，就让你去看动画片"。

对于第二个因素，似乎需要琢磨的东西就多一些了。如何确定正确的"教育过程"和"教育目标"呢？我这里也有一个同样是"孩子的英语学习问题"的案例。

有一位妈妈找我做心理咨询的时候说，虽然她给孩子创造了丰富的英文环境，但孩子仍然很讨厌学英语。

我问她："能给我讲讲，你是怎么给孩子创造英文环境的吗？"

她说："我每天晚上在做饭和做家务的时候，都会给孩子放1个小时的BBC，从孩子2岁起坚持了3年。孩子的英语不仅没有一点长进，而且现在他一听到英语就跑开了。"

天呐！每天1个小时的BBC！别说是2岁的小孩子，就是22岁准备GRE的留学生，也会跑开的！

先不说BBC的内容、词汇量、语速是否符合2岁小孩子的认知接受程度，单说这每天1个小时的、没有父母陪伴的、枯燥乏味的教育过程，也足以让任何一个人崩溃。所以，他家孩子与其说是讨厌英语，更准确的说法是讨厌学习英语的"教育过程"。而家长要做的，不是停止对孩子的英语培养，而是停止"每天用1个小时的BBC"来进行英语培养。家长来找我咨询的，不应该是"孩子讨厌英语学习"的内容，而是"家长应该怎样选择正确的方法来培养孩子英文学习习惯"的内容。

"教育"是没有错的，但如果效果不对，家长要做的不是否定"教育"，而是改善"教育过程"，调节"教育目标"。

在此，我多提一句，有没有孩子喜欢学习英语呢？其实，每个孩子都喜欢！

为什么这么说呢？因为语言对于人类来讲，说白了，就是一种沟通手段。如果家长让孩子学习一门语言，其"教育目标"不在于多掌握一门语言，而在于让孩子通过不同的语言，多角度地去了解未知的世界，或者可以简单到为了让孩子可以听懂和看懂更多国家的故事。试试看，一样的事情，当"教育目标"变了以后，家长和孩子的心态会不会不一样？最重要的是，"教育效果"自然而然地也就不一样了。

我之所以这么有信心地这样说是源于我的亲身经验。我从元元6个月大的时候就开始让她接触英文，而她接触英文的唯一途径就是每天我给她读的英文绘本。当时我并没有想过，要让她到几岁掌握多少个单词或者能参加什么比赛之类的。我只是觉得中文故事和英文故事，因为作者和文化的不同，绘本的内容和思路就是不同的，这样就可以传递给小孩子更丰富的体验和思考模式。

对于元元来说，6个月大时，爱看的是花花绿绿的绘本，爱听的是妈妈温柔慈爱的声音，她实际上是无所谓中文英文，所以对于英文绘本来说，她是非常乐于接受的。而从我的角度出发，每天是讲2个小时的中文绘本，还是讲1小时的中文绘本加1小时的英文绘本，对我来说是没有区别的。而且，这样中文故事加英文故事，还可以增加元元对于外国语言的熟悉程度。所以，我也是很开心这样做的。

就这样，每一天，我快乐地讲绘本，她快乐地听故事。没有背单词，没有背句型，只是简单地讲故事。慢慢地，我发现当发生绘本中类似的生活情境时，元元会整句整句地蹦出绘本中的原话。后来我又发现，当看英文动画片的时候，我本以为她只是看个热闹，她竟然真的听懂了动画片当中的每一句英文，并且还能复述和解释出来。不知不觉，到她3岁的时候，她已经能听懂平均每页200个英文单词的故事了。

其实，元元只是一个普通得不能再普通的小女孩，而我能够给她的也是普通得不能再普通的英文环境。元元的英语能达到这种程度，并不代表着她有多聪明或者我的教育方法有多成功。其实，只是因为碰巧选对了"教育目标"和"教育过程"，"教育效果"就自然而然地产生了。

很多家长又说了，语言是很容易找到积极的"教育目标"的，但是还有很多其他的课程，我作为家长都认为学了没什么用，比如奥数等，如果我当时学了，之后这么多年的工作都没有用上，你让我怎么找出"积极的"教育目标来鼓励孩子去学习呢？

这是一个很棒的问题。其实，在我看来，"教育"的终极目标并不是学到"知识"，而是学到"学习知识的方法"。"知识"可能会过时、会被遗忘，但是这些"方法论"是会让我们终身受用的。

什么是"知识"？什么又是"学习知识的方法"？我举个日常生活中的例子来说明一下。

想想看，为什么擅长一种球类运动的人再去学其他球类运动的时候会学得又快又好？因为他身体素质好、球感好、手眼配合好？对，又不全对！

他在练习第一种球类运动的过程中，除了提高了身体素质和手眼配合外，最重要的是掌握了学习这一类运动的技巧，并且了解了整个球类学习过程的学习曲线。所以他在学习另一种球类运动的时候，会把之前的经验利用过来，从而加速整个的学习过程。

学会了某一种球类运动，是学会了一种"知识"；而掌握了整个球类学习过程的学习曲线，是学会了一种"方法"。某个

"知识"是有局限性的，而整套"方法"是可以被不断地利用和拓展的。

玩体育、玩乐器、搞艺术、做学问的，哪个不是在某一类领域内一专多能、触类旁通。与其说这些人聪明、有才，不如说他们都是在受"教育"的过程中，学到了"学习知识的方法"，并且能有效地把这种"方法论"泛化到其他学习过程中去。

所以，家长们，请不要狭隘和僵化地理解"快乐教育"。要知道，"快乐教育"不是"无痛苦教育"，而是"痛并快乐着的教育"！

任何学习的过程中都会有瓶颈期，有坎坷和挫折，不要认为"吃苦"就是"不快乐"。有些苦，人这一辈子是一定要吃的，越早吃，代价越小，收获越大。作为家长，我们要做的，不是小心翼翼地看护孩子，让他远离教育过程中的挫折和坎坷，而是要花些心思创造"苦中作乐"的环境和氛围，引导孩子克服短暂的痛苦，迎接不远处的快乐。

高能家长为何养出低能孩子

我们都知道这样一句谚语："Don't cry for spilt milk。"

直译的话，它的意思是"不要为洒了的牛奶而哭泣"。当然，我们也可以将它译成"别为过去的失败而沮丧"、"不要做无益的后悔"，更可以引申为"后悔并不能解决问题，要采取积极的行动"、"与其亡羊补牢，不如知耻后勇"等。

我们家长在自己的成长过程中都会经历无数次的失败和挫折，而我们从这些失败和挫折中，最深刻的体验就是：哭泣、后悔和伤心都是于事无补的。正确的方式是想出对策、总结经验、防止类似事情的再次发生。所以，当孩子经历了失败的时候，我们都会希望孩子不要在失败中哭泣和痛苦，而要从失败中承担责任，吸取教训以利再战。

这种想法是好的，但是我看到无数个家长的实际行动却是把孩子引导到了另一个方向。

你不信吗？一个小小的问题就能轻易地判定出来了。

孩子毛手毛脚、边吃边玩的情况总是有的。当你家孩子打翻了一瓶牛奶，并且洒了一身、一桌子、一地的时候，你会怎么做？

做法A："你看看，你看看，你看看！你怎么回事呀，这么不小心？！"

做法B："让你盖上盖子，你不盖，还瞎玩。这下没得喝了吧！告诉你，今儿一天都别想再喝了！"

做法C："哎呀，没事的，没事的。妈妈知道你不是故意的，下次注意啊。来，快去一边站着，别不小心给踩了！"

"做法A"的家长通常是"自我要求严格"型的家长。他们做事的时候通常会执行得很完美，会尽可能少的给别人带来麻烦，而尽量多地让相关人员都满意。很自然的，他们会用要求自己的标准来要求孩子。所以一旦孩子由于疏忽把桌椅板凳弄脏了，并且给自己和别人带来了不必要的麻烦的时候，"做法A"的家长会很自然地冒出那句话。

如果你是"做法A"的家长，那在孩子弄洒了牛奶之后，你在干吗？你在责备他！那后果是什么？是孩子的"内疚"和"懊悔"！你这哪里是在引导孩子"Don't cry for spilt milk"，你是在引导他"You must cry and feel guilty for the spilt milk"（你必须为洒了牛奶这件事感到沮丧和内疚）！

"做法A"教育下的孩子会成为什么样子？因为每次都被责备，所以他会觉得自己这也做不好那也做不好，自信心就会变得很差。并且在下次再犯错误的时候，因为内疚和懊悔，他会当场就害怕或傻眼了，哪里会想出行之有效的方法来解决目前的困境呢！总结起来，"做法A"会导致孩子：自信心下降，遇事犯怵，没有应变能力。

我们再来看看"做法B"的家长。

"做法B"的家长通常是"高瞻远瞩"型的家长。他们做事的时候，通常会在采取行动之前就把所有的后果都考虑周全，并且会在权衡利弊之后设计出最优的行动方案。所以一旦孩子由于没有周全地考虑后果而导致了冒冒失失的行为，"做法B"的家长会很自然地冒出那句具有远见性的话。

如果你是"做法B"的家长，那在孩子弄洒了牛奶之后，你在干吗？你在惩罚他！那后果是什么？是孩子的"气急败坏"和"说谎话"。你这哪里是在引导孩子"Don't cry for spilt milk"，你是在引导他"You must lie for the spilt milk"（你必须为洒了牛奶这件事说谎）！

"做法B"教育下的孩子会成为什么样子？因为每次都被惩罚，所以面对所有失败和挫折，他的情绪反应是"气急败坏"而无法冷静地分析情况，想出补救措施。这种经常被这样威胁的孩子还会为了躲避惩罚而发展出"说谎话"的习惯。因为"说谎话"有可能会帮助他逃脱"被惩罚"的境地，所以他的谎话会说得越来越"尽善尽美"。总结起来，"做法B"会导致孩子：行为乖张，心理叛逆，强词夺理，说谎话。

"做法C"的家长看到这里，是不是觉得自己可以美美地等待着表扬了？错！"做法C"比"做法A"和"做法B"好不到哪里去！

"做法C"的家长，通常是"善解人意"型的家长。他们做事的时候会敏感地体察出周围所有人的感受，并且很好地照顾到周围人的感觉。和这种类型的人在一起，永远不用担心自己会丢面子，因为他们最受不了别人难堪，永远会帮你找到台阶下。所以一旦孩子犯错了，孩子自己觉得难堪了、难受了、无助了、自责了，"做法C"的家长会很自然地冒出那一句"善解人意"的话。

如果你是"做法C"的家长，那在孩子弄洒了牛奶之后，你在干吗？你在纵容他！那后果是什么？是孩子的"无法无天"和"没有担当"。你这哪里是在引导孩子"Don't cry for split milk"，你是在引导他"Do whatever you want，mommy will cover it for you"（你想做什么就去做吧，妈妈会帮你摆平一切后果）！

"做法C"教育下的孩子会成为什么样子？因为每次都不用承担后果，并且有大人主动帮助开脱，所以他会觉得自己做什么都会有人来帮他承担后果。孩子在做每件事的时候越来越不去考虑后果，只会由着性子来，最终可能会酿成大祸！总结起来，"做法C"会导致孩子：行事草率，考虑不周，没有担当。

说一个我亲身经历的事情吧！

周六那天中午，我们在麦当劳吃饭。我当时打开一瓶牛奶让元元喝。元元把牛奶放在餐桌上，起身拿别的东西吃，一抬手就把牛奶给碰到地上去了。牛奶洒了一椅子和一地。当时元元有点不知所措地站在那里。旁边桌的一个5岁左右的小男孩看见这个情景，马上恶狠狠地说："这下踏实了吧！这下踏实了吧！看你下次还玩不玩！"

因为当时我只关注着元元的反应，所以并没有在第一时间意识到那个小男孩是在说元元。

观察了十几秒钟，我看元元实在不知道该怎么办，于是对她说："去找服务员姐姐要餐巾纸，和妈妈一起把这里收拾了！"元元听到这句话，恍然大悟地跑到柜台要餐巾纸去了。回来以后，和我一起又擦椅子又擦地，并且一擦一边说"我弄洒的奶，我要把它给擦干净"！

而在我俩收拾的整个过程中，旁边的小男孩还在不断地恶狠狠地说："这下踏实了吧！这下踏实了吧！看你下次还玩不玩！"在这个时候，小男孩的姥姥也在说："是呀，这要是你妈妈看到了，肯定得说'这下踏实了吧！这下踏实了吧！'"

我相信，那天在小男孩对待"错误和失败"的应激反应当中，没有一点幸灾乐祸或者是想教训元元的意思。他只是在面对这种情境的时候，简单机械地重复家长每次对待他的方式。

很明显，他的家长通常是用"做法A"，也就是"责备"的方式来对待他的。所以他在面对这种情境的时候，能想到的唯一的应对方案也是"责备"！没有关心、没有帮助、没有安慰、没有任何有建设性和积极性的想法和做法。换句话说，这种教育方式下培养出来的孩子是不会在困境中承担责任，吸取力量，采取行动的。

那孩子犯了错，家长不应该惩罚，不应该教训，甚至都不应该替他开脱，那家长应该怎么做呢？正解就是家长应该带领孩子"承担责任"，也就是带着孩子一起积极面对，承担起补救的责任。

毕竟，犯错误不怕。孩子越小，我们越应该鼓励孩子犯错。因为越小的时候犯错，代价越小。试想一下，3岁的孩子打了人和30岁的大人打了人，代价能一样吗？！3岁的孩子打了人，顶多是把别的小朋友打哭了，所需要付出的代价无非是动动嘴巴的赔礼道歉。而30岁的大人打了人，可能把人打伤甚至是打死，所要付出的代价可能是经济上的，严重的是要付出法律上的甚至生命的代价。所以，越小犯错，代价越小。这就是为什么我们要鼓励孩子多尝试和多试错。

既然我们允许孩子犯错误，那怎样做才能让这些错误发生得更有意义呢？答案是，我们应该让孩子从每个错误和困境当中担当起他的责任，不断地锻炼他的思维方式来找到解决方案。这样，每次犯错才不会白犯，才可以从每次的困境和错误中吸取营养。

家长怎么做才算是带着孩子一起承担责任呢？

如果孩子把花瓶打碎了，家长要让孩子戴上手套，带领孩子一起收拾烂摊子！

如果孩子画画的时候，因为瞎闹把颜料洒了一身，家长要让孩子把衣服换下来，和他一起用手把颜料染过的地方洗干净！

如果孩子把别的小朋友推倒了，家长要和孩子一起帮小朋友擦眼泪、掸衣服、赔礼道歉！

……

总之，就是要让孩子看到做错事以后或者是面对困境的时候，妈妈爸爸是如何承担责任和采取补救行为的。这样，孩子才会在下一次自己或者别人面对困境的时候，不会手足无措、怨天尤人甚至自暴自弃，而是会冷静地审时度势、积极思考并采取补救行为。

这个社会需要的是有责任感、有担当的社会人。所以，不管孩子学习怎样、上没上牛校、出没出国，只要他在面对挫折和困境的时候是个有责任感、有担当的人，那我们的教育就是相当成功的！

我的完美主义为何成了孩子人生的枷锁

为什么有的孩子总会说"我不行、我不会"；而有的孩子即使在没有十足把握的情况下，也会说"我可以的、让我来试试吧"。为什么有的孩子明明很成功，但是内心却苦闷不堪、郁郁寡欢；而有的孩子虽然比上不足比下也有余，但是成天却可以傻吃傻睡傻乐呵。下面这个咨询实例，也许能给很多求全责备的家长们一点启示。

给大学生们上完课，我急匆匆地赶到了我们约好的咖啡馆。她比我先到，我到了之后，她给了我一个大大的拥抱，让我充分感受到了她的热情和活力。也就是因为这个拥抱，我们之间连破冰的环节都不需要。我要了杯美式，她要了杯拿铁，我们之间的交流，从她低声的叙述中展开。

"大家看到的都是表面的我：事业有成、家庭和谐、亲子融洽。对我的评语都是热情、阳光、积极。但是没有人知道，我的内心是多么纠结、苦闷和消极。

"和下属讨论工作的时候，一旦有意见分歧，我内心总会有个声音说'是我的错，我考虑得不够周全'。和老公出现争吵的时候，我内心总会有个声音说'是我做得不够好，是我沟通方式的问题'。当孩子身上出现一点点问题的时候，我内心总会有个声音说'我不是个好妈妈，我没有教育好我的孩子'。"

随着她越说越动情，眼泪悄悄地顺着脸庞滑落到了她面前的拿铁里。她和我谈了她的老公、她的孩子和她自己以及她自己心里那个时时刻刻否定她的声音。

"来说说你的父母吧。"我说。

她深吸了一口气，顿了顿，说："从小，我妈妈就把她全部的心思用在了我的身上。她比较追求完美，所以事事都对我严格要求。她很成功，所以事事都会给我指点一二。她怕我多走弯路，所以事事都会叮嘱提点。

"小时候，我很崇拜我的妈妈，觉得她什么都能、什么都懂、怎么做都正确。那会儿，我会因为自己有这样一个妈妈而感到自豪。但是渐渐地，我变得越来越不自信。因为和妈妈相比，不论我做什么都做得不够好，不论我怎么思考一件事情都考虑得不够周全。我妈妈也总是会提醒我'你看，你这个事情应该这样做就好了'或者'考了全班第一，不错！不过要是再努力一点，不就能进全年级前三了吗？怎么就差那么一点呢'。

"对于妈妈给我的任何建议，我都会遵守。对于妈妈给我提出的任何一个要求，我都会努力做到。但是我发现，不管我怎么做都不能让妈妈满意，而且无论我怎么努力，我都不如妈妈。"

在我做心理咨询的过程中，见过太多不自信的孩子被他们的完美父母带来让我帮忙提高孩子的自信。渐渐地，我发现似乎"完美的父母"很善于培养出"不自信的孩子"，仔细思考了一下，其实这个模式是有心理学上面的解释的。

从我们日常生活的经验中不难看出，每一个"完美的父母"都很喜欢给孩子提出各种各样的"指导意见"，并且这类父母通常会秉持着"骄傲使人落后，谦虚使人进步"的古训，觉得就算孩子已经做到很好了，也要挑出孩子的一些不足来让孩子知道他还有提高的余地，他做得还不够完美。

这样做从常理上讲似乎没毛病。那我们来分析一下，从心理学角度讲，这种做法是如何影响孩子的自信心的吧。

说到一个人的"自信"，我们就得先来说一说人的"自我评价能力"。自信的人一定是自我评价较高的人，而不自信的人必然是"自我评价能力"在发展过程中受过不良因素影响的人。

从发展心理学角度来讲，孩子的"自我评价能力"不是生来就有的。这种评价能力在孩子4岁左右的时候才开始出现，之后会随着年龄的发展呈阶段性的发展。

当"自我评价能力"刚刚出现的时候（也就是孩子4岁左右的时候），孩子并没有能力来进行准确的自我分析和自我定位。这个时候的"自我评价"实际上是以别人对自己的评价为准绳的。

更多情况下，这个阶段的"自我评价"会完全服从于"重要他人"对自己的评价。这个"重要他人"就是孩子这个时期内的主要看护人或者最信赖的那个人。

对于前面这位来进行心理咨询的来访者，从她的叙述中，我们看得出来，她小时候对妈妈是有着无限崇拜的。所以，很容易推测出来，她在儿童时期的"重要他人"就是他的妈妈。那么，在她小的时候，也就是她的"自我评价能力"正在形成的时期，她的妈妈是怎么做的呢？从她的叙述中，我们了解到，她的妈妈每时每刻都在指出她的不足，竭尽全力地证明她做得还不够好。所以，她的"自我评价"的内容自然就充满了"我做得不够好，我的能力不足，我想得不够周全，我判断得不够准确……"有着这样消极的"自我评价"的人一定是一个不自信的人。

每个家长都希望自己能多提点一下孩子，好让孩子少碰到些挫折、少走些弯路，于是家长会对孩子不停地耳提面命。但其实家长们在不经意间间接地传递给了孩子这样的信息："你做得不够好，我不相信你"、"你做得得不对，你得按照我说的做"。甚至有的家长会在孩子达到既定目标之后，还会说"你看看，你要是能再……就更好了"。

慢慢地，孩子会把家长认为的"你做得不够好"内化为自己内心当中的"我不够好"，把家长对于孩子做的某件事情的不满意泛化为对自己这个人的不满意。于是，带着不够好的自己上路，纠结地、痛苦地走完一辈子。

那有的家长会问了："孩子有不足之处，难道我不应该指出来吗？""对于孩子取得的一点点小成绩总是夸奖，难道不会造成他的盲目自满吗？""古语说的'骄傲使人落后，谦虚使人进步'，难道错了吗？"

　　"骄傲使人落后，谦虚使人进步"，当然是对的。我们要让孩子看到他的不足，而且更重要的是，我们需要让孩子知道，不只是他一个人有不足，任何人都会有不足。而且每一个人都是通过发现自己的不足，来更好地创造出自己的提升空间。

　　所以，要让孩子明白，一个人有不足并不是一个缺点，也不是一件丑事。发现自己的不足反而是一件让人兴奋的事情，是一件好事，这代表着他可以有一个新的机会来更好地提升自己。

　　"让孩子把自己的不足不看成是对自己的否定，而看成是自我提升的机会"听起来蛮有道理，但是具体要怎么执行呢？

　　其实很简单，用8个字总结就是：自揭伤疤，共同成长。

　　"自揭伤疤"，指的是家长在孩子面前需要诚实地暴露出自己的短处，让孩子知道即便"全能"如家长，也是有很多"不足"的。

　　"共同成长"，指的是家长在孩子面前暴露出自己的短处之后，让孩子看到家长是如何针对这个不足来自我提高和自我成长的。

　　我再举个自己的例子来说明具体怎么做吧！

　　我在陪着元元练习小提琴的过程中，元元一开始经常会因为某些拉琴的技巧练不好而感到气馁和灰心。有时，她还会哭着说：“我不行，我不行，我就是练不好这个！”为了鼓励她的自信，曾经有一段时间，我经常带着她去看我的拳击训练。

她在看我进行拳击训练的时候发现，虽然妈妈的小提琴水平达到了可以经常上台演出的程度，但妈妈的拳击水平其实真的不咋地。每次妈妈练习拳击的时候，对于新学的动作和技巧会被教练纠正无数遍。而妈妈只有在经过一遍又一遍的练习之后，才能形成足够深刻的肌肉记忆，才能够熟练掌握整个动作要领。

在陪我进行了几次拳击训练之后，我发现元元对待她练琴当中的挫折的心态变得越来越平和了。有时候她甚至会说：“妈妈在那次练拳击刚开始的时候动作也总是不标准。后来，妈妈回家后总是对着镜子练习，慢慢地，动作就好看了。”

所以，如果我们想帮助孩子成长，让孩子看到自己的不足，自然是对的；同时，我们要牢记的是，让孩子知道自己的不足是手段而不是目的，我们的目的是为了让孩子获得成长。

那么，让孩子看到了不足之后，该怎么做呢？我们要让孩子知道，“看到不足”是一个很好的成长机会，而且更重要的是要让孩子看到我们做家长的是如何从不足当中不断成长和不断完善的。这样，我们的成长，会激励孩子更好地成长；而孩子的成长，也会成为我们成长的动力。这才是我们每一位家长都希望达到的一个双赢的结果。

离婚后，1/7的亲子陪伴时间，100分的爱

兔兔告诉我，她属兔，喜欢大自然。

于是，我特意挑选了这家望京的咖啡馆来给她做催眠，因为这家咖啡馆的一张桌子旁边，坐着一个真人大小的"兔小姐"的雕塑。

出于职业习惯，我比预约的时间提前了10分钟到。

推开咖啡馆厚重的原木大门，深吸一口气，让自己那被春雨沾湿的身体慢慢融入这昏黄、慵懒的环境中。

朦胧的烛光，柔美的法语歌曲，空气中弥漫着诱人的咖啡香味。原木的地板，粗犷的树干，厚重的长方形桌子，所有的这一切，都在不遗余力地散发着自然、原始的味道。透过肆意伸展的树枝，挂在房顶上的，是铁质的、巨大的、圆形的烛台吊灯。摇曳的烛光，轻柔地倾泻而下，温暖着屋子里的每一个角落、每一个人……

戴着面具的兔小姐的雕塑就坐在桌子旁边，她的面前放着一本书和一杯咖啡。她像一位咖啡馆的"常客"一样坐在最温暖的烛光下，托着腮、心不在焉地思考着什么……

"兔小姐"的这副模样像极了兔兔在催眠过程中她的潜意识里所展现出来的状态：若有所思又不知所措。

45分钟的催眠结束后，兔兔抬头凝望着我们隔壁桌子旁的那

个"兔小姐"的雕塑。原木家具制造出来的空旷感，加上烛光在屋里营造出的温馨气氛，让兔兔落寞的身影看起来显得更加无助。

　　她叹了一口气说："我儿子也属兔。曾经的他，也像每一个被父母充分宠爱的孩子一样衣食无忧、天真无邪。可是，自从一年前我和老公离婚之后，我儿子的生活中只剩下了'衣食无忧'。'天真无邪'已经悄悄地从他生活中溜走了。

　　"离婚前，每天晚上都是我陪着儿子睡觉。在办理离婚的那天晚上，我像往常一样给儿子洗完澡，抱他上床，对他说：'亲爱的，妈妈今天晚上……要回自己的家睡觉了，以后……不能再陪你睡觉了。'

　　"儿子愣了一秒钟之后，'哇'的一声就哭了。儿子那场依依不舍、声嘶力竭的大哭，哭碎了我的心，也哭跑了孩子的'天真无邪'。

　　"离婚前，我天天下班准时回家。365天，我没有一天不在儿子身边。

　　"而离婚后，我一周7天的时间里，只有周末的一天时间可以把儿子接过来，共度亲子时光。"

　　兔兔痛苦地问我："1/7的陪伴，如此严重的母爱缺失会不会对我那可爱的'小兔先生'造成无法弥补的心理伤害呢？"

　　我很肯定地告诉兔兔："亲子陪伴重质不重量，一天的高质量陪伴强过一周的敷衍应付。"

　　兔兔听到这句话后，眼睛深处闪了一下。但是，她似乎又不放心地问我："真的吗？我真的可以在一天内让他感受到我全部的爱，不给他造成任何缺憾吗？"

我说："你看，在咖啡馆里，总是情绪在掌握时间。喝掉我面前这一杯咖啡的时间，可以是一分钟，也可以是一整个下午。

"而你对于儿子的爱，不是受时间的长度所摆布，而是受你的初心所左右。只要你对儿子的爱是发自肺腑的，即使一周只有一天的时间，也可以让他感受到完整的母爱。当然，除此之外，你还需要用一些技巧来辅助地完成。"

兔兔像看见救星一样，急切地对我说："我来找你，用催眠调节情绪，其实并不是为了我自己。我就是想在我见到'小兔先生'的时候，我的情绪不再是失控和消极，并且能够给他带来更多的阳光和温暖。

"离婚这件事情对他造成的伤害已经让我很内疚了，为了能让他快乐，我什么都可以做。我很想学习你说的那些'技巧'，好让我的'小兔先生'感受到我那份完整的母爱！"

鉴于"小兔先生"刚刚5岁，根据他现在的心理发展阶段和认知程度，我给兔兔提出了如下建议。

1. 把自己每天对"小兔先生"的思念都写下来，周末的时候把这些记录念给儿子听

当儿子听到妈妈每一天对他的思念的时候，他会明白妈妈没有遗弃他。妈妈虽然人不在他身边，但是妈妈对他的爱和思念，一天都不曾中断过，每天都在陪伴着他。

这些爱的记录可以让儿子带回家去。每当儿子想念妈妈的时候，他可以拿出这些记录，抚摸纸上的字迹，闻纸上的味道，回忆妈妈在给自己念这些话的时候那种语气和表情，从而能时时刻刻感受到妈妈就在自己的身边。

2. 让"小兔先生"每天把他想和妈妈说的话都画下来、写下来，周末的时候，让他把他的画和话讲给妈妈听

一周内的任何时候，当儿子需要妈妈，他都可以把这种需要落实到纸面上。任何时候，他都有一个情感宣泄的方式、一个和妈妈沟通的渠道。任何时候，他都不会经历那种无人诉说、无处诉说的失落感。这样，孩子便不会有缺憾、不会受伤害。

当每个周末儿子给妈妈解释这些记录的时候，就是一个极好的机会让每周只能见一天的妈妈来了解儿子的日常，引导儿子的行为。这样，妈妈和儿子之间便不会出现沟通的断档，也不会由于长期不见而出现陌生感和疏离感。

3. 很正式地告诉"小兔先生"："我和爸爸的婚姻结束了。但是，我们对你的爱，永远不会结束"

在离婚后的这一年时间里直到兔兔见到我之前，她都没有正面和儿子说过"离婚"这件事，理由是怕伤害到孩子。

但实际上，孩子们都不傻，都会明白爸爸和妈妈之间的变化。

如果家长很坦荡、很轻松地和孩子解释"离婚"，孩子才会很坦荡、很轻松地接受单亲家庭。而如果家长遮遮掩掩、避而不谈，孩子就会觉得自己的家庭情况是不正常的，是羞于启齿的。

当孩子听到"我们的婚姻结束了。但是，我们对你的爱，永远不会结束"的时候，孩子是会难受一下，但是接下来，他会更积极、更快乐地接受他应该享受的所有的爱的。

兔兔听完之后，重重地点了点头，认真地记下了这3条建议，并满怀信心地告诉我："听了你的建议，我好像已经看到了'小兔先生'那天真无邪的笑脸了！"

时间到了，兔兔离开了这家充满大自然味道的咖啡馆。现在，她确信虽然只有1/7的陪伴时间，但是她能够让儿子感受到百分百的母爱。

朦胧的烛光，柔美的法语歌曲，空气中依旧弥漫着诱人的咖啡香味。天色渐晚，夕阳如咖啡馆中颇具情调的暗黄灯光一样，晕染在墙上。咖啡馆中的一切，是这样的自由和宁静，让我忍不住闭上眼睛，尽情地去体会这温情的味道。

警惕！青春期自杀！

"Vivian老师，这是我闺女，今年9月份上的初一。

"十一放完假，她就回学校上学去了。那天在学校，上午的课刚上完，同学们中午都去食堂吃饭了。我闺女自己一个人跑到学校的小卖部买了一把美工刀。之后，她回到宿舍割腕自杀！

"同学们吃完饭回到宿舍，发现了我闺女的情况，就马上报告了生活老师。

"生活老师曾经受过医护训练，所以就在宿舍给孩子进行了包扎。之后，孩子下午继续上课去了。

"后来，老师把这件事情告诉了我，我便从学校把孩子接了回来。

"通过别人的推荐，我才联系到您。于是，我给闺女在学校请了假，我和她爸爸也在单位也请了假，决定带闺女来北京找您做心理疏导。

"但是，周围的人都劝我们不用带闺女去北京，更不用给她约什么心理疏导，因为我们那边自杀的中学生太多了。周围的人都说：'中学生自杀不是很正常吗！不用管，也不需要调节，慢慢就好了！'"

最后这句话是我做这么长时间的心理咨询以来，听到的最让我觉得"骇人听闻"的劝阻！

但我相信，这个"中学生自杀很正常"的认识，一定在当地十分普及。为什么呢？因为孩子在出现了自杀行为之后，不管是从老师的角度、学校的角度，还是从家长的角度，都觉得不需要带孩子去医院，孩子的刀口也只是被生活老师处理了一下就没下文了。这足以看出"学生自杀"在当地就像孩子磕碰了一样的小事而已。特别是，孩子中午做出了这样极端的举动后，没有经过任何的干预和调节，学校和老师竟然放心地让孩子继续回到课堂里去上课了。

那么，"中学生自杀"到底正常不正常呢？让我们从中学生所处的特殊时期——青春期——来分析一下吧！

中学生正值青春期，出现一定程度的情绪波动是正常的；从小学过渡到初中、高中，因为学习环境和思维模式的变化，出现一定程度的心理不适应也是正常的；因为要经历中考和高考，学习压力变得越来越重，出现一定程度的与家长沟通不畅也是正常的。但是，所有的这些心理和行为的变化都有一个"度"的限制。如果孩子出现的是：行为反常、脾气暴躁、情绪无常、暴饮暴食、自伤和自杀的行为，那一定是不正常的！不正常的！！不正常的！！！而且这个过程是绝对不可能"自己慢慢就好了"的！

青春期，也被称为危险期。处于青春期的孩子们，自身的生理发展和激素分泌进入到了一个显著变化的加速期，而心理的发展速度却远远跟不上其生理发展的变化。这就造成了孩子们的身心发展失去了平衡，使得他们经常会感受到许多心理矛盾和冲突，如果解决不当就会出现比较严重的心理行为偏差乃至精神疾病。

下面的这3种心理和行为偏差是青春期中出现概率最大、最普遍的。

1. 青春期心理生物性紊乱

"青春期心理生物性紊乱"主要表现为孩子对自己身体机能的异常关注，对某些正常疾病的过分夸大或对自己身体的某些特征不满意而产生的极度焦虑。

比如说，有一些女孩子会对自己的身材不满意，自己明明已经很瘦了，却总觉得自己胖。

我做过的一个案例，初二的女孩子，163厘米的身高，只有七十多斤。

虽然她已经瘦得连生理期都不正常了，但是她会经常地连续几天不吃饭，而这之后她又会疯狂地进食。具体表现为连续几天每天吃六七顿饭，每顿饭都吃三四个人的量，经常是吃撑到吐，吐完之后再接着吃。就这样连续暴食了几天后，再连续饿自己几天，之后再暴食，再节食，如此往复。

这个女孩子的症状就是"青春期心理生物性紊乱"的典型症状之一。

2. 青春期自杀的倾向和行为

自杀的倾向和行为在孩子的"童年期"是非常少见的，从"青春期"开始到"青年期"则呈直线上升的趋势。

出现这种变化的一个重要原因是，从"青春期"开始，个体能够体会到的困难、责任和烦恼突然增多，但是以孩子的经验和能力去面对问题、解决困难的方法和积极心态却没有得到迅速积累。

如果体验到的困难和烦恼超过了自身的负荷，并且得不到及时的解决和有效的引导，积累多了就会导致心理崩溃，于是孩子就会采取自杀的方式来解脱。

3. 青春期精神分裂症

从十三四岁开始，"青春期精神分裂症"的发病率明显呈上升态势。

这种病的发病原因很大一部分是由遗传所导致的。但是，这种遗传因素之所以在这个时候起作用，主要是由于这个时期孩子所具有的特殊的身心状态所决定的。

这个年龄段的孩子在心理上敏感而脆弱，最容易感受到压抑、挫折和焦虑。这种消极的情绪状态是导致发病的一个重要原因。

不要为了所谓的"让孩子抓紧时间学习"，就对孩子的"情绪和行为偏差"视而不见。这学期，为了孩子3天的课程牺牲了给孩子快速调节"心理矛盾和冲突"的黄金时期；下学期，孩子就有可能需要停课3个月才能完成整个心理的调节和巩固。

那么，家长们需要如何做才能最大限度地避免"青春期自杀的倾向和行为"呢？我们要根据造成这种行为的原因来寻求解决方法。

前面我们说过了出现"青春期自杀"的原因就是孩子所体会到的烦恼和挫折突然增多。那么，要想最大限度地避免"自杀行为"，就要提前帮孩子们准备好，协助他们在逐渐进入青春期的时候提高他们的生活能力、学习能力、交往能力等各种经验和技能。

让我们还是回到上面的那个案例来分析一下为什么孩子会出现这种极端行为。

经过与孩子妈妈的沟通，我了解到以下的情况。

（1）孩子的小学是一所普通的学校，孩子在小学的学习成绩属于中上等水平；而孩子的中学是当地最好的中学，孩子在中学的学习成绩属于中下等水平。

（2）孩子的小学是走读制的，孩子每天都回家；而孩子的中学是寄宿制的，孩子每个月只能回家一次。

（3）孩子小学的作息是每天早上七点半上课，下午三点半下课，一周休息两天；孩子中学的作息是每天早上六点半上课，晚上十点半下课，一周休息半天。

（4）在上小学时，孩子每天的生活起居都是由奶奶照顾的，属于衣来伸手饭来张口的状态，她根本没有生活自理能力；在上中学时，学校实行军事化管理，要求每个人的被子要叠成豆腐块，衣服袜子也要自己洗。

单单从这几点我就可以想象得到这个孩子在小升初的时候，在环境、心理、生活、学习、作息、关系等方面要同时经历多么大的变化和挑战。这些巨大的挑战和挫折同时压到一个刚满12岁的小姑娘的身上，难怪她会"适应不良"，最后采取了极端的行为来自我解脱。

她的妈妈无意间提起的两件事，也证明了这些同时发生的困难和挫折给孩子造成了多大的影响。一件事情是，孩子曾经说，有一天她五点半起床后连续叠了四次被子，每次都不合格。那天早晨，孩子连早饭都没吃上。还有一件事情是，9月底孩子第一次从学校回家的时候，见到妈妈就哭了。妈妈问她怎么了，她说"你不知道我这一个月在学校受了多少委屈，遭了多少罪"。

可以推断出正是因为9月份这一个月的积累，孩子才会在10月初出现了极端行为。

如果可以重来的话，我会建议孩子的妈妈，在初一开学前的那个暑假甚至是在六年级的第二学期就培养孩子的自理能力，适度调整孩子的作息时间和学习强度；而在中学开学后，积极寻找途径，让孩子能够经常感受到家长对孩子的关心和爱。这样可以循序渐进地帮助孩子培养更多的能力和更丰富的经验，顺利适应初中的生活。

我想再次强调一下，青春期，心理和行为的任何变化都有一个"度"的限制。如果孩子出现的是：行为反常、脾气暴躁、情绪无常、暴饮暴食、自伤和自杀的行为，那一定是不正常的！而且这个过程是绝对不可能"自己慢慢就好了"的！所以，请记得给孩子预约专业的心理干预，最好的时机是在状况出现的最开始阶段。其次，就是现在！

亲子沟通的秘籍

大凯是某互联网公司硬件团队的老大，他的团队分布在北京、上海、深圳等许多个地区。由于要及时地沟通每个团队的进度和状态，大凯成了一位名副其实的"空中飞人"。从周一到周日，他不是在飞机上，就是在去机场的途中。连我们整整一个疗程的亲子关系的心理咨询，也都是通过电话和视频来完成的。

第一次的通话过程是这样的。

大凯开门见山地说："Vivian，我闺女今年上小学6年级，我不知道应该怎么和她沟通！

"我闺女小的时候，是一个很懂事的丫头，很容易沟通的。

"但是好像突然之间，她的性格就变了，什么事都要和我对着干，而且不爱和我聊天了。我说的话，她也听不进去了！比如上个周末，我好不容易能在家一天。想好好陪闺女玩一玩。我对她说：'爸爸一会儿带你出去玩，你想去哪里？'

"要是以前我要带闺女出去玩，她都会很高兴、很积极。但是这次，她却突然甩出一句'出去有什么好玩的！要去你自己去，我不去！'之后，转身就回自己的屋了，关上了门。结果那天，她高高兴兴地和她同学出去玩了。这让我伤心了很久。"

我问："那你后来有试着和闺女沟通，搞清楚为什么闺女和同学出去，但是不想和你出去吗？"

大凯说："现在我和闺女完全沟通不了！不沟通还好，一沟通就吵架。

"比如有一次，我特意去学校接她。她一从学校出来，我就看出来她情绪不是太好，于是就想安慰她。

"结果我一路上费尽心思地安慰着，她却不断地否认，说我说的道理和她感受到的实际情况完全就是两码事，还说我完全不理解她的感受！"

我问："那你有没有问闺女，她的感受到底是什么呀？"

大凯说："我问了，但她说'你不是一个那么大团队的领导吗，你不是整天都和别人沟通吗，你怎么会看不出来我的感受呢'。结果被她这么一说，我就真没的说了。

"我知道我平时很忙，没有什么时间陪闺女。但是只要我在家的时候，我都尽量陪她。只是现在，不是我不陪她、我不和她沟通，而是她根本不想让我陪，拒绝和我沟通呀！

"我知道，到了十五六岁，孩子们都会进入青春期。那个时候，孩子就更不爱和父母沟通了，所以我才想在现在打下一个比较好的信任基础。但是现在我和孩子的沟通模式就是这个样子，到了孩子青春期时可怎么办呢？！"

有很多大忙人，因为忙一个项目或者忙一个"冲刺"抑或者长期外派，导致在一段时间内不能和孩子在一起沟通，结果等再在一起的时候，突然发现再也和孩子沟通不了了。

这种情况发生的原因主要集中在以下3点。

1. 孩子的沟通方式在随着年龄的变化而变化

当孩子还小的时候，孩子会很听家长的话，喜欢和家长沟通。但是等孩子大一些，家长就会发现，孩子开始只听老师的话了，老师的一句话就像圣旨一样。这其实并不代表家长有什么地方没有做好导致孩子对父母失去信心转而相信老师，这只是孩子的"权威"观念的一个正常发展过程而已。

从发展心理学的角度来讲，孩子的"权威"观念是指孩子会把谁说的话放在首要位置，孩子会更倾向于和谁沟通。孩子从出生到18岁的这个过程中，"权威"观念会经历这样的3个阶段。

孩子从出生到上幼儿园的时候，因为大部分时间孩子是和家长在一起的，所以这段时间里，孩子的"权威"是家长；到了小学阶段，因为老师担负起更多的传道授业解惑的角色，所以孩子的"权威"是老师；等到了中学阶段，孩子的"权威"是同龄人。对于老师和家长的话，孩子都有可能不屑一顾，而唯独对于同龄人的话，孩子才会听到心里去。

如果是正处于"权威"转换时期的孩子，那么孩子从听父母的话到不怎么爱和父母沟通，那完全是正常的。而且从一定意义上讲，出现了这种情况，父母反而应该高兴才是。因为这代表了孩子的认知水平在正常发育，没有出现任何的心理停滞。

2. 家长的迫切心理，引起孩子的焦虑

长期在外或者长期封闭办公的家长，因为一旦有空"放风"回家，就想抓紧时间和孩子沟通，修复亲子关系、增进亲子感情。就是因为家长想用有限的时间进行无限的亲子感情修复，所以才会弄得自己太热切、太着急。

家长的这种急切的想法在孩子那里就变成了一种压力。任何人在面对沟通当中明显的压力时都会产生"反抗"或"逃避"这两种反应。比如，想想我们当年在谈恋爱的时候，如果和我们

交往的对象，突然变得太热情、太迫切，你是不是就会不自觉地退缩和拒绝呢？如果你的退缩和拒绝导致对方更热烈的表达和行动，你是不是干脆就会逃离这段感情呢？

所以，就算家长再迫切，再知道时间有限，也要控制好自己，让自己放慢沟通的速度，有节奏地进行。饭，要一口一口地吃；感情，要一点一点地培养。

3. 家长从来都没有和孩子真正平等过

很多家长都会认为自己在和孩子交往的过程中，是做到了"和孩子平等"，但实际上并不是这样的。

比如大凯的这个案例。他接闺女放学，看到闺女情绪不好，便想尽办法来安慰。但是却被闺女的一句话顶得哑口无言，甚至有些恼怒。

为什么大凯会"哑口无言"，甚至有些"恼怒"呢？因为他觉得自己所做的安慰和指导是很正确和很全面的。但是，女儿反馈给他的"不认同"使他很无可奈何甚至有些愤怒。其实，这个情绪的背后就是他只想指出闺女思考问题的不足，而不肯承认自己对于闺女情绪理解的不到位。这种只想指出闺女的不足而不肯承认自己的不足，不是"不平等"是什么！

如果真的抱着一个"平等"的心态来和女儿沟通，那在受到女儿质疑和刁难的时候，大凯就会很自然地说："是呀，爸爸是带领着很大的团队，爸爸是可以和团队里面的同事做很有效的沟通。但是，这个有效沟通的前提是，爸爸已经跟无数个这个年龄段、这个工作性质、这种类型的人打过交道，积累起来了很多的沟通经验才达到的。

"而爸爸，是第一次当爸爸，也是第一次积累和十多岁小姑娘的沟通经验。所以，爸爸有时候真的不知道怎么沟通才是你想要的。我需要你帮助我来理解你的想法、思路和要求，让我能够学习得更快、积累得更多！"

对着自己的孩子承认自己的不足并不丢人，并且孩子会因为看到了你承认的自己的不足而觉得你是一个活生生的可亲近的人，而不是一个高高在上的完美雕塑。

当孩子认识到爸爸妈妈这么大了都可以承认自己的不足，并且都在不断学习和改善的过程中，那么小小年纪的他有什么理由不去学习、不去自我提高呢？

对于很多成功人士来说，他们的成功都是用时间拼出来的。那么，他们必然会比其他人少一些时间陪伴孩子。长期不能陪伴孩子，一旦陪伴了，就更需要提高陪伴的效率。既然之前说过了，太过心急不可取，那么能够做的就是少犯错误、少走弯路了。如果在有限的时间里，错误犯的少了，其实也就相当于有效的沟通变多了，这样亲子之间的沟通就会变得越来越健康和高效了。

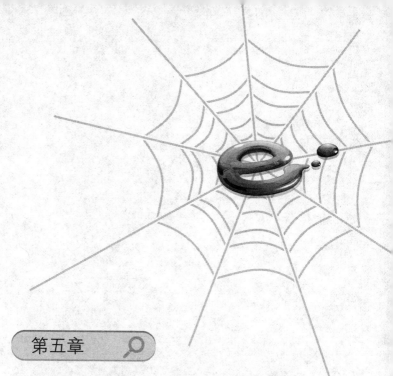

第五章 🔍

你的心理障碍，需要自我疗愈

天黑，我失眠！

"拖延症"背后的真相

正视抑郁症

自我驱动，我可以！

请你"自私"一点，允许你关注自己的感受！

与"压力"和谐相处

天黑，我失眠！

三十多岁的Mr.C那天来到我的公司，对我说："Vivian，我需要你的帮助！

"我的失眠，已经持续5年的时间了。每天晚上，我只能睡2个小时！这样的生活，太痛苦了！

"因为我总是睡不好，所以身体衰老得很快。5年间，我的头发不仅全变白了，而且已经掉得差不多了。整个人的气色和精神都很不好。无论我怎么注重营养，身体还是消瘦得很快，抵抗力也变得很差。

"家里人总是抱怨我说，这几年，我的耐心变得越来越少，脾气倒变得越来越大。最要命的是，我的记忆力衰退得很厉害，刚刚约好的事情转眼就会忘得一干二净。

"前面说的这些症状，这5年来我确实也感受到了。但是不瞒你说，我之前一直都没有把它们和我的'失眠'联系在一起。我只当是工作得太累了，或者这些就是'年纪变大'的'必然产物'。

"可是这一年以来，我频繁出现'胸闷和心脏疼'的症状，甚至我都体验过因为心脏疼痛出现的'濒死感'。

"那种'濒死感'太吓人了，再加上新闻里经常看到的工作族'猝死'的报道。于是，我马上去了医院，做了有关心脏的各种检查。医院给我用了各种设备和仪器进行了24小时不间断的监测，但是都没有检查出任何问题。

"之后，因为我的胸闷和心脏疼都是同时出现的，所以我又去医院把胸部肺部好好检查了一遍。能用的仪器都用上了，还是没有检查出任何的问题。

"医生们告诉我，我不是身体上出了问题，而是心理上出了问题！

"当时我完全不相信他们的这套说法。我觉得一定是他们因为查不出来病因，所以才说是我的心理有问题，他们是在给自己找借口。因为我身体上的疼痛是实实在在的，'濒死感'的体验是真真切切的，我怎么可能身体上没有问题呢？再说，我又没有抑郁，又没有焦虑，我怎么可能是心理上有问题呢？

"既然西医检查不出来，我就决定去中医那里看看。中医把完脉之后，第一句话就问我'是不是睡眠不好'。然后，中医和西医对我病因的描述竟然是一模一样的。他们说，我没有器质性的问题。也就是说，身体的器官是没有问题的。之所以会感到疼痛，是精神和心理的作用。所以，我不是身体生病了，不需要吃药。但是，我需要做一些心理方面的调节，而失眠就是导致这一切的根本原因。

"因为所有的医生都这么说，并且我自己也查了一下医学和心理学的文献，了解到在生理心理学当中有一个研究方向就是'心理疾病躯体化'。

"我理解的'心理疾病躯体化'是说，心理和精神的波动是会影响到身体的感受性的。一个最极端的例子就是'幻肢痛'，就是那些接受过截肢手术的人，明明一部分肢体已经不在自己身上了，但是因为心理和精神的作用，他们还是会长期感受到那部分肢体疼痛的感觉。

"知道了这些之后，我才把'失眠'和我这5年间出现的一系列症状联系在一起。

"当我知道'失眠'能够导致这么可怕的心理和生理问题后，我就开始积极地自我调节。我尝试过运动、读书、听音乐、冥想等，但这些对我的入睡速度和睡眠时长没有任何实际的帮助。

"在我反复尝试无果的情况下，我想抓住最后一根救命稻草，所以想请你用'催眠'来帮我调节一下。"

虽然Mr.C告诉我，他只有"失眠"这一个症状，没有其他的心理不适感。他说他日常生活中，不焦虑、不抑郁且没有什么持续性的压力，可以说自己是一个"心大"的人。

但实际上，在我给他做催眠的过程中，通过观察他潜意识的反应模式后却发现，他其实并不是"失眠"这么简单。

首先，在催眠状态下，我观察到了他对轻微的可以引起焦虑的信息就反应得异常敏感，以至于我可以轻轻松松地用语言在5秒钟之内就引发他极度的焦虑状态。

由此，我推断出，在清醒的状态下，别人的一言一行一举一动其实都可以很容易地引起他的焦虑紧张状态，甚至有可能别人只是说话的语速快一些、说话的语气急促一些，他立马会紧张起来。也就是说，对于焦虑信息，他几乎不具有屏蔽能力。

这一点在做完催眠之后得到了Mr.C的确认。Mr.C说，他每周都需要参加一个项目审查的周会，来沟通公司里每个项目的进展状态。本来他负责的那个项目是按计划进行的，一切都还算顺利。但是在参加这个周会的副总里面，有一个副总喜欢大声说话且语速很快，他最怕这个副总向他提问。并且，他在回答这个副总的问题的时候，总是会紧张到口吃。发展到后来，只要一想到每周必开的那个项目审查周会，他就会觉得头疼。

其次，在催眠状态下，当他已经很焦虑了，但他并不能敏感地意识到自己已经处于焦虑状态下了。

比如，当我问他："你觉得现在的你，放松吗？"他会马上回答："是的！"我继续问："去体会一下你的躯体和你心里的舒适度后再告诉我，你觉得现在的你，放松吗？"他需要体会3分钟左右，才会恍然大悟地说："天呐，我现在其实非常焦虑！"

由此，我推断出，在清醒的状态下，他对于自己的焦虑状态是无法立刻觉察到的，甚至他可能还会认为自己的状态是很好的。但实际上，他的身体和心理已经疲惫得不行了。

这一点在做完催眠之后也得到了Mr.C的确认。Mr.C说，他的家人和同事确实有时候会对他说"你看起来气色不太好"、"你看起来需要休息"之类的话。但是这个时候，他通常不会觉得自己的状态不好，反而觉得周围的人有些太过大惊小怪了。现在，他才意识到原来周围的人都看得出来他的焦虑状态，只有他自己不知道罢了！

再次，在催眠状态下，就算他意识到了自己的焦虑，但当他想主动放松的时候却无法有效地让自己放松下来，以至于我需要对他的身体进行一步一步地引导，他才能一个部位一个部位地逐渐放松，最后达到全身放松。

由此，我推断出，在清醒的状态下，就算他觉得自己累了乏了，也无法让自己真正地放松下来，甚至就算是在周末或者休假的时候，他的头脑中都不曾体验到"放空"的感觉。

这一点在做完催眠之后又得到了Mr.C的确认。Mr.C说，对于他来说，"休假"只意味着他的身体不在公司工作，但是他的头脑其实还是继续在公司工作的。他除了思考公司人事、业务上的事情，还会实时收发公司的邮件，回复钉钉上面的信息等。他一直觉得，这是一种"敬业"的表现，没什么不妥。在我给他解释了之后，他才意识到原来这不是一种"敬业"，而是自己无法迅速有效地进行放松和休息的一种表现。

现在，让我们来看一看，这3条加在一起会形成怎样一个闭环，而这个闭环又会在他的生活中引起怎样的共振呢？

首先，由于Mr.C不善于屏蔽焦虑信息，所以外界的各种大大小小的刺激，每一个都会引起Mr.C的焦虑情绪；其次，由于Mr.C对于自己的焦虑状态不敏感，所以在焦虑情绪被累积的过程中，他无法发现自己的状态变化，也就无法在状态还不太糟的时候，采取行动，进行调节；最后，由于Mr.C无法有效地进行主动放松，所以当他的状态已经糟糕到他自己都感觉不对的时候而无法有效地调整好自己，反而是一副"束手无策，倍感沮丧"的状态。

因为上面的种种问题导致了Mr.C的长期焦虑和紧张，从而发展和恶化出连续5年的失眠，最终使得他的心理、情绪、健康和生理机能出现了退化、衰老和发病。

你可能会说："人的平均寿命只有三万多天。这些时间里，有一万多天都花在了睡眠上！整整1/3的时间都花在了睡眠上，这是多么严重的浪费！生活那么美，我想多看看！既然我无法通过延长生命的总时长来延长我享受生活的'绝对时间'，那么在生命总时长不变的前提下，我要通过缩短我的睡眠时间、延长我的清醒时间来延长我享受生活的'相对时间'。"

人真的可以通过缩短"睡眠时间"来增加对于生活的"享受时间"吗？或者让我换句话来问："当你的睡眠时间减少了以后，你'清醒的时间'是有了，但你还有'鲜活的生命'来享受生活吗？"

如果看完刚才Mr.C的案例，你依然不觉得"缺觉"是个很严重的问题的话，那让我们来看一个更"极致"一些的心理学实验。这是一个"睡眠剥夺"的实验。

这个实验是让一个17岁的非常健康的高中生连续11天不睡觉。

在实验开始的三四天之后，被试开始变得易怒、健忘、反胃，并且非常疲惫。第5天后，开始出现"阿尔兹海默症（Alzheimer's disease）"的症状，失去方向感、出现幻觉并伴有妄想症的现象。实验的最后4天，被试失去运动的功能、手指颤抖、口齿不清。

实验告诉我们，缺少睡眠并不仅仅只是"犯困"那么简单。当你的睡眠减少，特别是持续性地减少后，你的心理状态、情绪状态、健康状态、大脑神经和生理机能都会受到很严重的影响，甚至是不可逆的伤害。

好吧，现在我们终于从日常生活和心理学实验两个方面都明确了睡眠减少对于一个人影响。那么，如果真的失眠了，我们应该怎么办呢？

对于大部分的职场人士来说，"失眠"通常是由两种情况造成的：人为失眠和自然失眠。

什么是"人为失眠"？

有很多人明明晚上9点就收拾妥当，但是偏偏追剧追到夜里1点才睡；明明晚上11点就已经躺下，但是偏偏打手游到夜里1点才闭眼；明明夜里2点起来上个厕所后闭眼就能秒睡，但是偏偏要刷微信到凌晨5点再合眼。

久而久之，自然的睡眠规律就这样被打破了，不仅晚上想睡的时候睡不着，而且一想到卧室和床就会条件反射似的想到要追的剧、要打的游戏和要刷的微信微博，结果整个人就变得很兴奋。

那么，"人为失眠"怎么破呢？其实很容易，简单来说就是在什么地方干什么事。

如果你想打游戏，那就去书房；想追剧，那就去客厅；想吃夜宵，那就去餐厅。总之，你要把卧室只当成是睡觉的地方。久而久之，当你往卧室走的时候就会自动进入"睡眠模式"了。

这样做，其实是利用了心理学上面的"经典条件反射"原理。

"经典条件反射"原理可以通过这样一个实验来说清楚：实验的主角是一条狗。在实验开始前，当这条狗看见骨头的时候，它会产生正常的生理反应：分泌唾液。而当它听见铃铛响的时候，它是不会分泌唾液的。实验开始以后，每次给狗看骨头的时候都同时弄响铃铛。也就是说，骨头和铃铛的声音每次都会同时出现。当然，这个时候狗会分泌唾液。这样训练过一段时间之后，当给狗只听铃铛的声音时，这条狗一样会分泌唾液。

也就是说，虽然听到铃铛声对狗来说本不应该引起任何自然的生理反应，但是经过适当的训练后，狗听到铃铛的声音会自然而然地产生生理反应：分泌唾液。

让我们回到"人为失眠"这个问题上来，之所以会出现"人为失眠"，就是因为每次在卧室里，你都在做一些让自己兴奋的事情：打游戏、追剧等。久而久之，当看到和想到卧室，就会变得莫名地兴奋，从而导致无法很好地入睡。

如果想改变这种反应模式，甚至达到一进入到卧室就犯困的状态，那就要把一切"睡觉"以外的事情在卧室之外完成，训练自己把卧室只作为睡觉的地方，在卧室里面只是上床闭眼睡觉。久而久之，身体就会形成新的生理反应模式：一进入到卧室，就自动进入到"入睡状态"；一上床，就会秒睡。

那什么是"自然失眠"呢？

这个是在完成了一天繁重的工作后，进了卧室，躺在床上准备睡觉，但你却无法让自己安静下来，脑子里似乎有很多事情在转。因为无法让自己快速清空脑子，所以你入睡的过程总是很漫长。或者是睡着了以后，夜里醒了以后，你的脑子里又是满满的事情，结果就只能睁着眼睛到天亮了。

对于这种"自然失眠"，要用另外一种"自我行为引导"的方法来把脑子清空，让大脑能逐渐放慢思考的速度，从而进入到混沌的睡眠状态。

怎么做呢？这也很简单。你可以拿出一张纸，把自己脑子里想的事情一条一条地给写出来。可以用逐条罗列的方式，也可以用脑图的方式，只要是能够清楚表达自己脑子里思考的东西就好。等到把脑子里的东西都写出来之后，就是在潜意识中告诉自己：我都思考完了，我都记录下来了，可以休息了，这样大脑就被清空了。当脑子中没有事情再转悠的时候，你就可以轻松入睡了。

既然我们的生物钟天然地把生命当中的1/3的时间分配给了睡眠，那就不要轻视"睡眠"，更不要把"减少睡眠"标榜为可以更好地"享受人生"。记住，睡眠的减少会导致心理状态、情绪状态、健康状态，乃至大脑神经和生理机能的退化和损伤。美好的人生，是需要快乐的心态和健康的身体才能享受到的，而充足的睡眠是让你拥有这两者的必要条件。

"拖延症"背后的真相

阳阳去年曾因为情绪困扰在我这里做过一个疗程的催眠调节。

一个疗程调节完之后，不仅她可以做自己情绪的主人了，而且连婚姻关系都变得更加和谐了。

前几天，阳阳突然联系我，要再约一个疗程的心理咨询和催眠，并且约的是加急的。

阳阳说："Vivian，自从你给我做了调节之后，我的情绪一直保持得很好。但是，这一阵子我发现自己有严重的拖延症。

"比如，前几个月，我想自我提高一下，就挑选了几本书来读。本来是做好学习计划的，但是每天到该看书的时候，我就会给自己找各种借口来逃避看书。结果，几个月下来，看书和自我提高几乎是零。

"促使我今天约你'加急催眠'的原因是，我在6个月之后，有个很重要的考试，但是到现在我都没有开始看书。

"所有的准备工作我都做好了：教材准备、时间协调、制定大计划、分解小目标。教材放在了书桌上，目标写在了纸上，但我每天还是一点进展都没有。

"我真怕自己会一直这样把考前的6个月都荒废过去，所以想让你加急给我做一个疗程的催眠，从而加强我的行动力！"

虽然，阳阳对她"拖延症"的解释是：动力不足。她想要的"催眠目标"是：加强行动力。但是，事实真的如此吗？她以为的问题，真的是她的根本问题吗？

阳阳对问题的表述和分析都是她"意识"层面判断的结果。那么她的潜意识或者说在她的内心深处，到底是什么东西在阻挠自己的考试复习行为呢？到底是什么导致的拖延症呢？

对于催眠师来讲，在调节的过程中从来都不会只听信客户的"一面之词"。因为根据我的经验，大多数客户其实都不清楚自己的真正问题在哪里。他们通常都会以为自己看到的那个问题是根本问题，而实际上最根本的问题会隐藏得很深很深。催眠师的工作，首先是帮助他们准确定位到真正的问题根源；接下来，才是帮助他们解决问题。

在给阳阳催眠的过程中，根据她潜意识的反应模式，我能够明显地看出在潜意识里她对自己做出的判断和决定是很不自信的。也就是说，阳阳在潜意识当中是十分怀疑自己的决断力的，这种潜意识的工作模式会如何影响她的行为和思考呢？在日常生活当中，每当阳阳做出了一个决定之后，因为潜意识里面的自我怀疑是自动发生的，所以她会没来由地纠结"我这个决定正确吗"、"我这个判断符合逻辑吗"、"我这个思考过程有逻辑吗"……

所以，针对她6个月之后的这个考试，虽然通过她的意识的判断，她觉得会对自己起到很大的自我提升的功效。但是，在她的潜意识里，在她在的内心深处，并不认为看书和考试对自己的能力提高和前途发展有帮助。当一件没有意义和价值的事情摆在一个人面前的时候，这个人当然没有动力去做了。

故而阳阳在表象行为和意识层面当中，她自认为自己的"拖延症"的原因是动力不足，但实际上在她的潜意识和内心深处，问题的根源是对自己"判断力"和"决断力"的高度怀疑。

阳阳需要催眠来帮她解决的不是简单的"加强行动力"，而是更深层次的"有效分析，提高自信"。

在催眠过程结束后，我问阳阳："给我讲讲，你为什么要参加6个月后的那个考试？"

阳阳说："参加完考试，可以拿到××证书呀！"

"拿到那个证书有什么用呢？"

"以后可能会用到的。"

"多久以后会用到？什么机会会用到？你为了得到那个机会，要怎么做呢？得到了那个机会后所带来的收益同你现在付出的时间和精力相比，是匹配的吗？"

"这个……我没有想太多。只是听说有人把这个证书考下来了，我就觉得我可能也需要考一个。"

"你觉得你'可能'也需要考一个？"

"噢，Vivian，经你这么一问，我突然意识到我好像没有想太清楚就贸然决定自己要去看书和考试了。你怎么这么神，一下子就能发现我不是动力不足而是心里没底？"

"不是我神，是你的潜意识明明白白地告诉我的。"

其实，在我做过的很多"拖延症"的案例当中，"动力不足"只是很小的一部分，绝大多数都是对于自己的判断和决定不自信所导致的。

交了7年的男朋友，但是自己却迟迟不肯去领证结婚，不是因为"拖延症"，也不是因为"自己不在乎那一张纸"，而是因为在潜意识当中，对自己的判断没自信，不确定面前的这个男朋友能不能成为一个好老公。

年纪已经老大不小了，双方父母也都催促着要小孩了，但是自己却迟迟不采取行动，不是因为"拖延症"，也不是因为"没心情、没状态"，而是因为在潜意识当中，对自己的判断没自信，不确定自己能不能做到育儿和工作兼顾。

眼看着跳槽的机会就在眼前，但是自己却迟迟不肯更新简历，不是因为"拖延症"，也不是因为"工作太忙，无暇顾及"，而是因为在潜意识当中，对自己的判断没自信，不确定新的工作机会是不是能够带给自己更好的发展。

……

你还在为自己的"拖延症"困扰吗？你还在苦苦寻找给自己"提高动力"的方法吗？如果简单的"鼓劲打气"对你来说完全不管用，那么请深挖一下，自己是不是在怀疑自己的"判断力"和"决断力"。其实这个深挖的过程是很容易做的，只要你可以给自己30分钟的时间问问自己这"5个W和1个H"的问题：

做这件事对我有什么好处？（What）

做这件事的好处会体现在哪里？（Where）

做这件事的好处会什么时候体现出来？（When）

做这件事的好处对我的人生真的有那么重要吗？（Why）

做这件事的好处都可以让谁体会到？（Who）

做这件事的好处会以什么样的形式体现出来？（How）

当你针对每个问题进行了认真的思考，并且有了确定的答案后，你的"非典型性拖延症"就不治而愈了。从这个角度入手，你会发现原来"非典型性拖延症"竟然这么容易搞定！

正视抑郁症

我曾经看过一个TED的抑郁症亲身经历的演讲，这个演讲的题目是"一个抑郁的喜剧演员的自白"（Confessions of Depressed Comic）。

这位演讲者的名字叫作Kevin Breel，19岁，一个高大帅气的美国男孩。

他说，他的世界当中有两个"Kevin"。一个Kevin是别人眼中的Kevin，而另一个是只有自己看见、只有自己知道的Kevin。

别人眼中的Kevin，是篮球队长、得到了学校的各种荣誉、参加各种party的无忧无虑、亲和力强、众人羡慕的Kevin。

而自己知道的那个Kevin是从来不曾快乐，六年来，每天都在和抑郁症做搏斗，甚至几年前曾打算吃药结束自己生命的Kevin。

Kevin的形象并不像我们通常认为的抑郁症患者的形象，他没有深居简出、没有与世隔绝、没有形容枯槁，而是在表面上显得十分春风得意、积极进取并且朋友众多。

尽管他的世界如此精彩，他仍是孤独地与抑郁症奋斗了6年之久；尽管他身边的朋友和家人如此之多，与他的关系如此之亲密，他仍是一路走到了自杀的边缘。

通过Kevin的例子，我想告诉大家抑郁症患者是可以有多种外在表现的，不是只有愁眉苦脸的人才有可能有抑郁症。更不要当一个朋友和你倾诉说"我好像有抑郁症"的时候,笑话他说"你成天嘻嘻哈哈的,你怎么可能有抑郁症"。

"抑郁症"最根本的一个表现就是动力不足,也就是他自己内部的能量很少,无法驱动自己去行动、去改进、去生存。在这个时候,一个朋友是会给予他无比强大的支持的。所以,如果你想做一个对抑郁症人"有用"的朋友,应该怎么做,应该怎么说,应该有什么样的心态呢?

作为朋友,当我们与抑郁的人沟通时,一定要把他当成有能力、有担当的"人",而不是一个无助、软弱的"病人"来对待!如果你把他当作"病人"了,他就真的相信自己是个"无能为力的病人"。但如果你把他当成一个"人",他会觉得自己是个"有能力挽救自己的病人"。

基本原则掌握了,那具体的话,应该怎么说呢?

1. 不要说:"生病了?别担心,你还有我们呢!"

而要说:"是的,你只能靠你自己!"

对于抑郁症患者来说,唯一不肯接受他得了抑郁症的事实的那个人,是他自己!

所以想要治病、想要调节的第一步,就是让他接受他得了抑郁症。只有当他真正接受了自己确实得病了之后,他才不会再逃避,而会开始认真地考虑应对方案。

如果你一次一次地说"还有我们呢……还有我们呢",实际是在把责任都揽到周围人身上。也就是说,你在不停地给他机会让他逃避自己有病的这个事实。

他只要不承认自己有病就不会配合治疗，他不去积极地配合治疗就不会有效果。就像我们通常所说的"你无法叫醒一个装睡的人"！

而当你说"是的，你只能靠你自己"的时候，你在明确地告诉他"你得病了！世界不会抛弃你，如果你不抛弃你自己"。

2. 不要说："快吃药吧，吃了药，病就好了！"

而要说："是的，抑郁症是会周期性发作的。这一次找到了调节的方法，那才能缩短下一次发作的时间。"

是的，抑郁症是周期性发作的，是一辈子的，根本就没有"治愈"这么一说！但是抑郁症患者可以做到的是找到有效的自我调节方式，当下一次进入抑郁状态后，快速把自己调节到正常状态。如果上一次的抑郁发作持续了3年，而这一次只持续了3个月，我就有理由乐观地展望下一次再抑郁可能就是3天、3小时，甚至是3分钟的事情。所以，会不会复发不重要，重要的是复发了之后调节得够不够快。

很多抑郁症患者在第一次得抑郁症的时候，通常会很配合治疗，并且他们唯一坚持的信念就是"我要把我的病治好"！

当他们第二次复发的时候，精神就完全崩溃了，不肯吃药和治疗。因为他们觉得，上一次不是把病治好了吗，怎么又复发了？我是不是就治不好了？就算再一次治好后，还会再复发吧？那还治疗什么？！

在他们不知道抑郁症会复发的情况下，发现自己又复发了，给他们的感觉就像癌症复发了一样。本来切除病灶了，放化疗完成了，癌细胞没有了，怎么突然就又发现有癌细胞了！而且由于癌症每一次复发都会比上一次凶猛，所以随着抑郁症患者每次的抑郁复发，他们会觉得自己越来越没救了，自我否定的枷锁就这么牢牢地套在了他们的脖子上。

所以，我们要在第一次抑郁症发作的时候就告诉他们："抑郁症当然会复发，就像一辈子会得很多次感冒一样。我们无法预知下一次感冒的可能，但我们可以做到的是，让这一次的感冒，不白受罪，如何做呢？就是总结经验，更好地应对下一次的感冒。能完成这个任务的最关键的做法是，在这一次感冒的过程中，找到适合自己的迅速痊愈的方法。这样，在下次感冒的时候，我可以重复使用同样的方法，使得下一次感冒的程度能够有所减轻、持续时间能够有所缩短。生理上的感冒是这样，心理上的感冒——抑郁症，也是一样。"

抑郁症是精神科自杀率最高的疾病，全球范围内每隔30秒钟就有一位抑郁症患者选择用自杀的方式来结束自己的生命。

我曾经碰到过这样一个抑郁症导致自杀的案例……其实，它不算是我的案例。因为还没等我来得及做心理干预，那个需要调节的女孩就自杀了。

她的自杀给她的妈妈带来了无尽的懊悔。因为她妈妈在女孩实施自杀前曾经联系过我并告诉我，女孩的情绪越来越不稳定了。前几个月，她还只是发发脾气，摔摔枕头。而最近这几周，她已经把家里的家具和电器砸得差不多了。

除了砸东西，女孩最近在情绪非常激动的时候还出现了几次自伤行为，她几次抄起水果刀划伤自己的手臂，搞得家里已经不敢把水果刀放在客厅茶几的果盘上面了。

就因为这位妈妈越来越担心女孩的精神和心理状态，所以她想要预约我帮女孩调节情绪状态，并且这个女孩那个时候是接受甚至是迫切地渴望得到我的帮助的。

但是，因为妈妈的工作实在是太忙了，在和我取得联系之后没有及时完成预约的步骤，仅仅耽误了两天，这个女孩就自杀了！妈妈在女孩死了之后的很长一段时间内都不能对这件事情释怀。她每次见到我，闲聊的时候，说得最多的一句话就是："如果当初我能够抓紧时间约到你……"

在女孩自杀后的四年当中，她的妈妈也患上了严重的抑郁症。因为这位妈妈当年看到过女儿抑郁症的发病过程和最终结果，所以在她意识到自己得了抑郁症之后，第一时间便联系到我，接受我的调节。

在我看来，这位妈妈的抑郁症确实是因为痛失女儿所引起的。但是后来，这位妈妈慢慢适应了"抑郁状态"，甚至开始享受起这种感觉来了。她告诉我，在她抑郁的时候，她能够很好地体会到当时女儿的感觉，并且能够理解女儿为什么会扔下她，走出最后那一步。也只有在她抑郁的时候，她才觉得自己是和女儿在一起的。所以，我甚至在想她是不是因为太思念女儿了，才会对"抑郁状态"上瘾，进而不想让"抑郁状态"减轻甚至消失。

在我和她沟通的过程当中，她告诉我："Vivian，我曾经觉得自己是个成功的女性，我自认为我可以平衡好自己的工作和生活。在公司，我是个高效的领导者；在家里，我是个称职的妈妈。

"但是，女儿的自杀让我震惊不已！之后，我开始不停地自责和内疚。我一直在思考自己得是一个多么不称职的妈妈呀，以至于在女儿自杀的那一个晚上，我竟然没有任何觉察。

"第二天起床，我发现女儿就静静地躺在那里。我甚至都回忆不起来，在我睡觉之前和她说的最后一句话是什么。是呀，谁会去用心记忆睡觉前到底是说了'明天早点起'还是'今晚早点睡'呢，反正今天说了，明天还会再说。但是，突然有一天你会发现，再也没有'明天'可以对同样的人说同样的话了！

"Vivian，曾经我觉得我们所有人都在关心着女儿，呵护着女儿，给了她全部的爱。但是，女儿的自杀让我不断地自省，我到底是亏欠了她多少的爱和关心，才让她对整个世界失望，才让她义无反顾地选择离开这个世界！

"而我在得了抑郁症的这四年时间里，我也有过无数次想要自杀的念头。只有经历过我才能体会到：选择'自杀'，并不是因为对这个世界不满意，而是因为对自己不满意；不是因为别人对自己不够好，而是因为觉得自己死了，别人才能过得更好！

"所以，我慢慢地了解到女儿的自杀并不是因为她对我不满，也不是她在做最后的抗议，而是因为她要用她的方式来最后一次照顾我、彻底地照顾我。"

是的，我曾经做过无数次抑郁症导致的自伤和自杀的"危机干预"，最深刻的体会就是每一个企图自杀的人都是非常敏感和善良的人。他们之所以选择自杀，不是铁石心肠到连死都不怕了，而是因为他们的内心已经超级柔软了，不再想给别人增加一点点额外的负担了。

这些因为抑郁选择自杀的人通常在实施行动前会向朋友和亲人发出求救信号，但是他们的朋友和亲人为什么通常给予不了最积极和最合适的反馈呢？原因有如下两点。

第一点，因为当事人提出的"自杀话题"太过负面，亲人和朋友不知道该如何把话题接下去，觉得自己如果把话题说深了，有可能会起到怂恿的作用，使得当事人把"自杀想法"转变为"自杀行为"；而如果把话题说浅了，又不起作用。与其怎么说都不对，不如选择沉默或者转换话题，他们以为这样做会比较安全。但对于当事人来说，如果别人选择了沉默或者转移话题，他就会感觉自己被孤立了，因为没有人愿意去继续聊他开始的话题。这样会让他更加觉得自己是别人的负担、是给别人带来麻烦的人。如果自己"消失"，那么别人会活得更好、更舒适。

第二点，如果当事人不是成年人而是小孩子，通常他的家长会觉得他还只是个孩子，"自杀"和"自伤"都是一些气话和生气的行为，不会出什么大问题的。家长没有时间也没有意愿要去进入深入的沟通。殊不知，小孩子能够得到帮助的渠道是极其有限的。如果父母都不能给予及时的帮助，那就相当于全世界的门都在他面前关上了。他会在自己觉得更加痛苦的同时，感觉到自己给家里人也带来了很多不必要的痛苦。于是，他会觉得除了用"自杀"来减少父母和别人的焦虑和痛苦外，别无他法。

有很多自杀成功者的家长和家属告诉我："我们非常爱他，非常关心他，但是最后他还是选择了自杀，是不是我们给的爱和关心还不够？"

不是的！选择自杀，不是因为"爱和关心"不够多，而是因为在那个特殊的状态下，只有"爱和关心"是远远不够唤回他和挽救他的。

根据研究显示，20个试图自杀的人中，有19个会失败。但这些自杀失败的人如果不进行专业和有效的"心理干预和建设"的话，他们第二次自杀成功的概率会得到极大的提高。

那么，"心理干预和建设"该怎么做呢？

首先，及早预约"心理咨询"。既然这种"心理救助活动"在专业上被叫作"危机干预"，那么恕我直言，这是一个专业性很强的沟通，所以不要企图让一个没有经过专业训练的、仅通过看一篇文章就学会"心理救助"的人来做，应该让专业的人来做专业的事。

其次，在进行专业的"心理咨询"的基础上，家人可以进行辅助性的帮助，并且密切观察。同时，要注意前面提到过的那两句和抑郁朋友对话时最重要的说法。

如果你看到任何人由于抑郁症出现了自伤的行为和自杀的念头，请你意识到他是在向你发出求救信号。其实，一条生命就掌握在你的一念之间。而这样的一条鲜活的生命是值得你去负责的，你不要企图只用"爱和关心"来打动他。在他"病"了的这个时刻，"爱和关心"只是药引，而不是治病救人的药。所以，用你的"爱和关心"来呵护他，帮他约到专业的人，让专业的人用专业的手段和技术来协助他走出那片阴霾。

其实，每个人生活当中的每一次沟通过程都是在帮助周围的抑郁朋友。归纳到最本源的一点，我们和抑郁朋友沟通的关键就是不要把他当病人！

自我驱动，我可以！

她，本来是自动化专业的好学生。毕业的时候，为了稳定，她去了一个做工程的国企工作。待了一个月，工作内容和她的专业完全不沾边。

她觉得这个职位不适合自己！

在国企里面待了一年，因为做工程总要往外地跑，她一个女孩子也不方便。工作业绩不突出，自己也没有什么成就感。

她觉得这个行业不适合自己！

正好这时她遇到了她的男朋友，男朋友对她呵护备至。但是她妈妈却很是反对，甚至为此到了要和她断绝关系的地步。她也是个倔脾气，最终背着家人和男朋友结婚了。从此，她和妈妈变得很陌生。

她觉得原生家庭的环境不适合自己！

后来，她和老公移民到了国外，想要宝宝的她顺利怀孕了，却出现了先兆流产的症状，外国医院不给打黄体酮保胎，最终孩子没保住。

她觉得国外不适合自己！

和老公沟通再三，她卖掉了国外的房子，辞掉了工作，回到了国内。因为要从头做起，看房子、找工作、适应空气……

她再次觉得国内不适合自己！

当她找到我时，情绪已经变得异常的消沉和抑郁。

她问："为什么不顺心的事全让我碰上了？为什么不论我多么努力去奋斗，总是不能把生活过成我想要的样子？"

我问："说说看，你所做过的努力和奋斗？"

她说："比如说最近为了健身，我已经在追剧时用片头、片尾和中间的广告时间来做运动了，但就算我已经这么见缝插针地努力了，体重还是在一路飙高！"

我说："哦，你说你对健身做出的努力是抓紧追剧间隙的每一分钟来进行锻炼？"

她说："是的，追剧的每个间隙！"

我说："你知道另外一种'更努力'的健身的方法是什么吗？"

她说："是什么？"

我说："不追剧，用40分钟时间全身心地来健身！"

熟悉吗？

多少人，一边说着"我觉得现在的工作不是我喜欢的"，一边想着"我都到了这个岁数了，跳槽没优势，转行风险太大"，所以日复一日地在目前的工作里将就着。

多少人，一边说着"我要减肥"，一边想着"今天太冷了，明天有雾霾，后天生理期"，所以日复一日地看着手机上的Keep（一款健身工具APP）却从来没有打开过。

多少人，一边说着"我对法语（心理学、金融、画画）感兴趣"，一边想着"今天工作太累了，明天有局，后天好不容易周末了，别看书了，放松一下吧"，结果买回来的书就一直放在角落里落满灰尘，直到自己都忘了曾经的兴趣。

我们生来就是有想法的，并且每个想法都是可以改变我们的生活的。但是对于一些人来说，不是用想法改变生活而是放任生活去改变他们和他们的想法。

再来讲一个故事。

有一个著名的心理学家来到一个普通的小学对校长和教师说要对学生进行"发展潜力"的测验。

因为这个心理学家在当时太有名了，而这所普通的小学在当地太不起眼了，所以小学对于这个心理学家的大驾光临感到非常荣幸，并予以全力配合。

从校长到老师纷纷把"发展潜力"的试卷发到了各班的学生手中，并且严格遵守这个心理学家对他们的要求："不要告诉学生这份考卷的目的，也不许把最后测评的结果告诉任何一个学生或是家长。"

试卷收上来以后，以最快的速度汇总到了心理学家的手上。心理学家告诉学校，他需要用一周的时间来处理试卷。一周后，他会把测评结果返回给学校。

其实，这个心理学家在这一周的时间里什么都没干，而那份考卷也是一份完全没有意义的考卷。这个心理学家只是在再次回到学校的那天早晨，在6个年级的18个班的考卷中随机抽取了部分考卷并记下了考卷上学生的名字。然后，他把这份随机抽取的名单提供给了任课老师，并郑重地告诉老师，名单中的这些学生是通过严谨地观察和测评挑选出来的学校中最有发展潜能的学生。任课老师要注意长期观察，以便下次心理学家再来到学校的时候，老师可以做出一些反馈。

8个月后，当这个心理学家再次回到该小学时，名单上的学生不但在学习成绩和智力表现上均有明显进步，并且在兴趣、品行、师生关系等方面也都有了很大的变化。

这是不是很神奇？随机抽取的名单，也没有让老师把结果告诉学生们，但是不管学生们在测评前学得好坏与否，怎么在测评后他们就像感受到了测评结果一样，对自己充满了信心和学习动力呢？！

这个心理学家就是美国哈佛大学著名的心理学家罗森塔尔。

这个实验是在1968年他和雅各布森教授带着一个实验小组完成的。这个实验的结论被心理学界称为"期望效应"或者"罗森塔尔效应"。

事实上，罗森塔尔并不知道哪些学生有"发展潜力"，但是因为他在心理学界的权威和影响力，老师们会全盘接受他所提供的名单。

当老师笃定地认为某些学生有"发展潜力"的时候，虽然他们没有和学生、家长透露一点信息，但是他们会用对待"有发展潜力学生"的方法来对待这些学生。

也许，老师在对待"差生"的时候，可能会说"你怎么还没有听懂呀？要我说几遍才行"；但是，对于被著名心理学家"钦点"的"有发展潜力"学生，老师可能会说"还没有听懂呀？正常的！我再给你讲一遍啊"。

也许，老师们在对待"差生"上课捣乱的时候，可能会说"×××，你别老动来动去的行不行，周围的环境都被你带坏了"；但是，对于"有发展潜力"的学生，老师可能说"是不是累了？那休息一下吧"。

也就是说，这些学生在接受了渗透在教育过程中的不自觉暗示的积极信息之后，会按照老师所刻画的方向和水平来重新塑造自我形象，提高自信心和激发学习兴趣。"期望效应"的神奇力量就这样产生了。

所以，"期望效应"在我看来就10个字：我觉得我行，我就一定行。

那为什么还会出现健身减肥越减越肥、想学新东西屡屡作罢、想和家人改善关系却越搞越僵呢？

虽然有些目标你是非常希望达到的，但是这个"希望"的原动力和你的"其他愿望"相比略逊一筹。所以，这些希望都会被"其他愿望"击败，最后落得个灰飞烟灭的下场。

比如你确实想学画画，不过你还想去看电影、滑雪、追美剧，并且后面每个想法的强烈程度都超过了"学画画"，所以最后你去做了你最想做的"滑雪"而没有去"学画画"。

再比如单身的你确实是想找个男朋友，不过你更想多做一些工作来提高业绩。所以，当你加班的时候，不要再嚷嚷说"忙得我都没有时间找男朋友了"。其实，和"加班"这个想法的迫切度相比，你并没有那么急迫地想找男朋友。也就是说，从你的潜意识来说，你更想加班，而不是想找男朋友。

所以，请不要说"我的动力不足导致我现在一事无成"，每一件你想做的事情都会自发地有原始的动力的。但是，每件事情的迫切度不一样，动力也是不一样的。所以在这种情况下，你要做的改善并不是凭空地去激发自己更多的动力，而应该是在目前把所有你想做的事情给重新排一个优先级清单。

对于清单上第一位的事件，你一定是有很大的动力去做的，那么你就做一件勾掉一件。这样，事情做得既有条理又有动力，而且方向还十分明确。

你想有所改变，想有所提高，要把生活过成你想要的样子，其实答案很简单。想好你要做的事情，把它设置成最高优先级，心无旁骛地一条道儿走到黑。你觉得你行，你就一定行！你想做到，你就一定能做到！

请你"自私"一点，允许你关注自己的感受！

前两天，我在咖啡馆里给某互联网公司的总监做催眠。

整个催眠过程，我看到他潜意识的反应模式中最突出的一个特点就是：只顾完成任务，不关注自己的感受。

催眠过程完成后，我说："说说你的感受吧。"

他说："催眠过程当中，有时我会想周围的人会不会正好奇地在看我们。"

我说："哦，那你有什么样的感受呢？"

他说："那个时候，我就在想在催眠开始之前我是不是该找个角落一些的位置呢。"

我说："哦，那你有什么样的感受呢？"

他说："我在想服务生会不会过来问我们在做什么。"

我说："哦，那你有什么样的感受呢？"

他说："我想如果服务生真的过来的话，你应该会回答他的吧。"

我说："我一直在问你的'感受'，而你给我的回答一直都是'事件'！"

这时他才好像被我刺了一下，停下来，仔细地想了一想，说："刚才我的感受……我的感受……感受……什么是感受？"

……

现在，请你准备好了，因为我要考考正看这本书的你了。给你3秒钟的时间，马上说出你的感受是什么？

怎么？你也说不出来吗？是不是你也要问："什么是感受呢"，"我能够怎么表达感受呢"，"有哪些词是用来说明感受的呢"？恭喜你，你的语文课也是体育老师教的吧？！

感受，有那么难形容吗？我觉得快乐、高兴、幸福、平静、委屈、生气、吃醋、无奈、悲伤、发人深省……

比如，看到了上面那个案例，如果问我感受的时候，我会说："我觉得很吃惊"，"我觉得很讽刺"，"我觉得很引人深思"。但是，很多人被问到同样问题的时候，他们会像我前面提到的那位总监似的，习惯性地说出自己的"想法"和"下一步计划"，而不是"感受"。比如，他们会说："我也不知道怎么形容自己的感受呀"，"我觉得他这种回答很正常呀"……

的确，现在这种快节奏高效率的生活要求我们在事件发生的第一时间思考出应对方案。久而久之，我们被训练得只关注事件，而不再关注感受。甚至慢慢地，我们连"感受"是什么都不再记得了。

然而，人们却把这种现象冠以一个很好听的词，叫作"务实"。并且这类"务实"人的典型代表都是精英们，比如公司的白领、高管、创业者们，等等！他们的关注点永远集中在"项目、里程碑、任务"上，因为"感受、感觉、感情"是无法创造业绩的。正因如此，他们正在完成从"人"向"机器人"，再向"机器"的进化。而因为这些精英人士是人们争相模仿的对象，所以越来越多的初入职场的年轻人甚至有很多学生都在模仿和训练自己成为一个坚定的"事件导向者"，而不是一个"感受敏感者"。

试着回忆一下：

有多少次，老婆跟你说："唉，昨天加班加到那么晚，帮Amy做报告。今天老板对她的报告不满意。她说是我帮忙做的，结果老板把我也叫进去，一起给批了一顿！"

你说："下次别帮她做了，吃力不讨好！"（应对方案）

而不是："你现在一定觉得很委屈吧！"（感受）

有多少次，孩子拿着月考的成绩单过来说："妈妈，我提高了2分！"

你说："真不错，咱们要继续保持！争取这个期末考出更好的成绩！"（下一步计划）

而不是："哇，妈妈觉得好高兴，妈妈真为你感到骄傲！"（感受）

有多少次，你觉得自己的情绪不好，脾气大，而且有些沮丧，什么事情都不想做。

你决定叫上朋友一起出去吃一顿。（应对方案）

而没有想一下，"我是不是很累了，需要好好睡个觉"，"我是不是有些焦虑，需要短途旅游来让自己放松一下"，"我是不是有些沮丧，需要找个朋友相互激励一下"，"我是不是需要些关心，该找个男朋友了"。（感受）

你可能会说，现在是一个快节奏的社会，如果我整天只是慢腾腾地顾及感受而不采取灵活反应的计划和行为，我迟早会被这个时代淘汰掉。对，你说得很对！为了与时俱进，为了实现我们的价值，我们是需要采取有效的行动的。但是，你知道吗，行动是否有效、能否达到既定的目标是建立在你能及时觉察和正确判断自己的感受的基础上的。

下面就来让我们看一看，"感受"和"行为"之间的关系。

根据心理学的理论，"感受"是发生在"行为"之前的。一个人是在有了积极或者消极的感受之后，才会有意识或者无意识地选择最合适的行为的。

比如，女孩子的"买买买"这种行为，为什么有的女孩子的"买买买"会愈演愈烈，而有的女孩子的"买买买"会变得销声匿迹呢？因为这两类女孩子对于"买买买"这种行为的感受是不同的。

有的女孩子在"买买买"之后，体会到了"拥有心爱之物的满足感"和"情绪的兴奋"，因为这些都是积极的感受，所以她会更多地去重复"买买买"这种行为。而有的女孩子在"买买买"之后，体会到了"乱花钱的心疼"和"衣服很难收拾的苦恼"。因为这些都是消极的感受，所以她会更少地去重复"买买买"这种行为。

再比如，男孩子"喝酒喝多了"这种行为。有的男孩子在"喝多了"之后，体会到了"压力的释放"和"把头脑放空"，因为这些都是积极的感受，所以他会更多地去重复体验"喝多酒"这种行为。而有的男孩子在"喝多了"之后，体会到了"呕吐"和"出丑"，因为这些都是消极的感受，所以他会更少地去重复"喝多了酒"的这种行为。

前面这两个例子都是在身体有了积极或者消极的感受之后，无意识地对行为进行了选择的结果。而我们更多的行为是需要自己动动脑子，觉察和分析一下自己的感受后，才可以有意识地去选择最有效的行为的。

比如，前面提到的那位高管，因为身在互联网公司，所以工作节奏快，精神长期处于高度紧张的状态。他找我做催眠就是为了找到一种方法，让他可以迅速、高效地实现放松。在找我之前，他尝试过的锻炼、看书、滑雪、音乐、美食……都达不到他期望的要求。

那是不是说，他真的没有办法让自己放松下来呢？不是的！通过后来的沟通，我发现，他之所以没有找到有效的放松行为完全是因为他没有及时地觉察自己的感觉，用自己的感觉来指导自己的行为。

这位高管告诉我，他前一阵子去朋友家玩，看见了朋友家的架子鼓。他从小就喜欢这种爆发力很强的乐器，但是一直没有机会接触。而当时，架子鼓就摆在面前，虽然他一点都不会，但根据看演唱会和电视的感觉照猫画虎地打了十多分钟。打完之后，他突然觉得刚才那十多分钟的感觉特别好。但是，因为当时的"感觉特别好"只是一闪念的，他根本没有仔细分析"自己的感觉到底是怎么个好法"，所以之后也没有用那次"特别好的感觉"有意识地指导任何行为。

而在我的"逼问"下，这位高管才挠着头皮费力地总结出来：当时"感觉特别好"是因为他当时的注意力无比集中地聚焦在每一次敲击上，所以脑子里的各种"方案"、"计划"、"里程碑"一下子都消逝地无影无踪了，整个人是处在"放空"和"忘我"的状态中的。这种'很集中，很享受，很放松'的状态是他在之前尝试过的锻炼、吃饭、看书当中所无法得到的。

经过这一系列的"觉察感觉"和"分析感觉"的过程，他突然意识到原来自己是可以通过"打架子鼓"来达到"迅速、高效放松"的目的的。他打算回去以后，继续把鼓练下去，让自己能有一种有效的方式来享受放松，享受生活……

所以，如果想要提高自己的行动效率，一定要重视自己的感受。不要觉得顾及和分析自己的感受是在浪费时间、浪费生命，其实用自己的感受来指导自己的行为才是最高效的。毕竟，磨刀不误砍柴工嘛！

人，是"情感动物"。而当一个人，选择忽视自己的感觉和情感的时候，那就是退化回"动物"的时候了。

当你开始关注到自己的感受，你才会做出合适自己的选择，才会真正为自己而活，才会提高自己的幸福感。

关注自己的感受，绝对不是自私的表现，而是对自己负责，对自己的行为结果负责的表现。

所以，从今天起，请每天给自己一点时间，去关注自己、关心自己，问问自己："我现在的感受是什么？我能做点什么来让我自己的感受更好一些？"只有你自己快乐了、积极了，你才会给周围的人带去更多的快乐和正能量！

与"压力"和谐相处

从一般的科普性文章中，我们知道，压力不仅会带来生理上的疾病——小到一般的感冒发烧，大到心血管疾病和癌症，还会带来心理上的疾病——焦虑、抑郁、失眠、恐惧等。

如果这些定性的结论已经不再能引起你的新鲜感，那么让我来给你讲一个定量的"压力影响健康"的研究吧！

这个研究共涉及30000名美国成年人，前后共追踪了8年时间才得以完成。

在这8年中，研究人员每年会让这30000名受访者回答一些有关"自己所经历的压力"的问题，如"过去一年里，你承受了多大的压力"。并且，他们还会让受访者回答一些有关"对压力的认知"的问题，如"你是否相信压力对你的健康有害"。同时，追踪这30000人的健康状况，看看其中有哪些人去世了。

结果追踪记录表示，那些"在过去的一年里承受了相当大的压力"的人死亡的风险增加了43%。但是，这只适用于那些相信"压力对健康有害"的人。而对于另外一些同样承受很大压力但是认为"压力与健康无关"的人，死亡的风险反而是所有受访者当中最低的。他们的死亡风险甚至比那些"只承受了一点点压力"的人还要低！

另外，研究人员根据可以追踪到的死亡人数和死亡原因做出统计：在过去的8年间，共有182000个美国人死亡，是由于他们相信"压力对健康有害"而并非由于压力本身。按照这个数字平均下来，美国每年就有两万多人因为这个"压力对健康有害"的理念而死亡。如果这个研究数据是正确的，那么"相信压力对健康有害"就成了美国的第15大死因，超过了"皮肤癌"、"艾滋病"和"凶杀案"。

看到这里，是不是有三观被颠覆了的感觉！我们一直被告诫着"压力有害健康"，结果发现有害健康的并不是压力本身，而是"压力有害健康"的这个理念！所以，我要告诉你对待压力的正确方法：不要把压力当成敌人，想方设法干掉它；而要把压力当成朋友，想方设法与它和谐相处。

怎样才能从"与压力为敌"的状态转换到"与压力为友"的状态呢？答案很简单，两步就可以搞定：改变理念和改变行为。

1. 改变理念

既然上面的实验数据已经说明了相信"压力对健康有害"这个理念就可以置人于死地，所以与压力和谐相处的第一条就是要改变你的理念。

下面就让我们来重新认识一下"压力"。

压力是"心理压力源"和"心理压力反应"共同构成的一种认知和行为体验过程。压力所产生的生理反应包括但不限于：心跳加快、血压升高、手脚冰冷、头晕目眩……

通常，在你当众演讲时、在你上台演出时、在你参加考试时、在你辗转反侧时，如果你的身体出现了"心跳加快、血压升高、手脚冰冷、头晕目眩"这些症状的时候，你是不是会很自然地认为"我压力太大了"，然后开始焦虑、紧张、沮丧。然后……可能，就没有然后了。

让我们换个场景来试想一下。

当你对他一见钟情的时候，你是不是也有"头晕目眩"的感觉。但是这个时候，你把它解释成了"我的爱情来了"，而不是"我的压力太大了"。

当你站在百米赛跑的起跑线前的时候，你是不是也有"心跳加快"的感觉？但是这个时候，你把它解释成了"我好兴奋"，而不是"我的压力太大了"。

当你站在产房前，得知母子平安的时候，你是不是也有"血压升高"的感觉？你把它解释成了"我觉得好幸福"，而不是"我的压力太大了"。

所以，同样的生理反应竟然在头脑当中可以被进行完全不同的解释，所以当你下次再出现"心跳加快、血压升高、手脚冰冷、头晕目眩"等生理症状的时候，尝试去改变自己的想法。让自己在大脑当中，搜索出另外一个正向短语来代替"我压力太大了"，例如：我很谨慎，我好激动，我有些吃惊……这样练习下来，久而久之，你就会形成更积极的理念来解释这些生理现象，给自己以更正向的暗示。

2. 改变行为

通过改变理念来和压力和谐相处似乎很好理解，那为什么"改变行为"也能起到同样的作用呢？让我们先来看一看研究和数字吧！

这个研究共涉及1000名34岁到93岁的美国人，前后共追踪了5年完成。在研究中，让受访者回答"过去一年里你有多少压力"以及"你花了多少时间去帮助别人"。同时，在5年的时间里统计受访者的死亡情况。

研究结果表明，任何一个"重大的压力事件"都会让个体的死亡率上升30%。但是，这并不适用于那些花时间去帮助和关心别人的人。实际上，"压力事件"对这些人的死亡率影响为零！是的，没有任何的影响！也就是说，帮助和关心别人能提高我们的抗压能力！

所以，当你下次再有"心跳加快、血压升高、手脚冰冷、头晕目眩"的时候，你除了按照前面"改变理念"方法中提到的把它解释成"我的身体正在加速地积聚力量来帮助我更好地完成这项任务"。同时，你可以更进一步地去"改变行为"，把自己积聚起来的能量以帮助和关心别人的方式，辐射到他人，以增强自己的"力量感"！

这样做之所以能产生积极的效果其实是很容易解释的。

当在压力事件面前，你没有钻牛角尖地纠结于事情本身，反而跳脱出来让自己的思路喘口气，这本身也给了解决压力事件以无限的可能性。

　　人在面对压力事件的时候，心气都会不太高，斗志都会被压抑，而这个时候你从帮助和关心别人的过程中获得了成就感和力量感。回过头来，再面对压力事件的时候，你的气场就会不一样了，很可能就达到了"不战而屈人之兵"的效果。

　　不要再徒劳地尝试摆脱压力和逃避压力了，那样你体会到的只会是"屡战屡败"，你应该做的是去"改变理念"和"改变行为"。当你用全新的理念和行为去迎接压力和拥抱压力时，你便能体会到什么是"战无不胜"了！

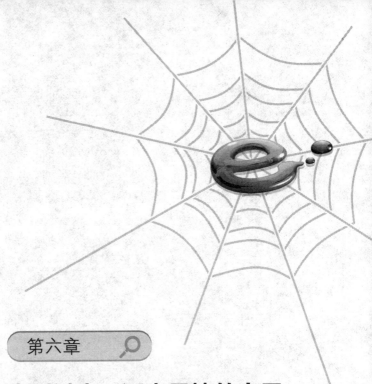

第六章

告别过去，活出最棒的自己

孩子得了抽动症，却让我懂得生活的真谛

"过去"不是你的羁绊，而是你的阶梯

无法下定决心转行？因为你还不够"痛"！

你的生活和"多姿多彩"之间，只差了一个"时间管理"

要想铠甲坚硬，内心必须柔软

做个"立体人"，你会更快乐

孩子得了抽动症，却让我懂得生活的真谛

小洁找到我要求预约一个疗程的催眠，她很纠结，不知道该和前夫复婚还是和男朋友结婚。

小洁，离异两年，自己带着一个六岁的女儿。两年前，她和前夫和平分手。现在，她有一个谈了一年的男朋友。

小洁说："其实，我六年前和前夫的离婚没有任何狗血的剧情，唯一的原因就是前夫出差太多，对家庭的关心和陪伴不够。

"从我们结婚起，前夫因为工作原因经常出差，有时候半年才回来一次，直到孩子四岁了，他还是一直持续这个状态。后来，我实在受不了了，就和他提出了离婚。

"从离婚起，我女儿就开始频繁眨眼睛。因为之前得过结膜炎也是这样的症状，所以刚开始我以为是结膜炎复发，只是给女儿抹了点眼药水，并没有太在意。

"后来，孩子眨眼睛的症状一点儿也没有好转，反而愈演愈烈。于是，我就带着她去儿童医院检查，医生说眼睛没有问题，

建议我带孩子去精神科看看。一听到这个，我就有点慌了。

"到了精神科，医生问了些问题，又看了看孩子的情况，然后告诉我说，孩子可能是因为父母的离婚感受到了焦虑和不安，所以才会出现'抽动症'的症状。医生建议我，首先要保持自己情绪的稳定，不要让自己的焦虑影响到孩子的病情；其次，尽量给孩子一个足够安全和平稳的环境；最后，观察一段时间看看，症状会不会自然消失。

"听了这些，我很自责，前夫也很难受。我们最不想看到的就是因为我们让孩子产生这样那样的问题。所以，我和前夫尽量按照医生所说的，在面对孩子的时候，让彼此的情绪平静下来，并且给孩子一个足够快乐和幸福的环境。

"离婚后的这两年时间里，前夫每周会和女儿视频。只要他在北京，就会过来看女儿，陪女儿玩。每次要走的时候，女儿都恋恋不舍地要求爸爸留下来。前夫其实对我还是有感情的，所以他也会时不时地提出'复婚'的要求。

"我之所以没有答应他，是因为我觉得我已经对他没有感情了，我实在不想让我的后半生就这么凑合下去了。

"一年前，我认识了我现在的男朋友，他和我在各方面都很契合，而且我们都很爱对方。男朋友也是离异，虽然是前妻带着儿子，但是他非常非常爱他的儿子。

"他在我们交往之初就坦白地告诉我，他的亲子之爱，只能给他儿子一个人。那么对于我的女儿，他没有额外的一份亲子之爱了。所以对于我女儿，他只能扮演'叔叔'的角色，而无法承担'爸爸'的责任。

"虽然周末我男朋友也会来陪我女儿玩，但看得出来，他只是在做一个'叔叔'，而没有尝试做'爸爸'。当他和我一起带着孩子们玩的时候，他永远只是在照顾自己的孩子，并优先响应自己孩子的需求。

"因为我家女儿也已经六岁了，能看懂很多事情。她会很明白地告诉我：'妈妈，那个叔叔，他不想当我的爸爸，但是他对你很好'。

"我想要幸福的爱情，也想给我女儿一个完整的家。我真的不知道自己是该和前夫复婚还是和男朋友结婚。

"和前夫复婚，我能给女儿一个'爸爸'，但无法给我自己一个'老公'。和男朋友结婚，我能给自己一个'老公'，但却不能给女儿一个'爸爸'。

"Vivian，你说我该怎么办？"

我说："小洁，在我给你答案之前，你能不能先帮我解决一个问题？"

小洁有些意外，但还是点了点头说："好的。"

我说："这几天，我一直在逛街，想买一双鞋。

"试过的鞋子当中，我觉得运动鞋很舒服，但是不配我这身职业装。而配我这身衣服的，都是又细又尖的高跟鞋，多走几步路就很累。

"我想要舒服，也想要时尚。买运动鞋，我倒是舒服了，但是和衣服不搭；买高跟鞋，和衣服很搭，但是我不舒服。你说，我该买运动鞋还是高跟鞋？"

小洁听完我的问题后，眨了眨眼睛，思索了许久，说："Vivian，你的意思我懂了。至于答案，我需要再想想……"

在接下来的7次催眠当中，小洁再也没有问过我有关结婚对象的问题；但是，她也没有给过我任何有关思考结果的反馈。

到了第9次催眠结束后，小洁突然说："Vivian，刚才你给我催眠的时候，我突然想清楚了！

"之前，我一直在纠结是要给自己找个'老公'还是给女儿找个'爸爸'，其实最根本的原因在于我希望女儿和我都能幸福快乐。

"但是从目前来看，不管如何选择，我都不会快乐的。因为不论我选择哪一个，结果都不会是完美的，或者会损害我的幸福，或者会损害女儿的幸福。

"我没有必要在两个都不会让我快乐的选项当中逼迫自己二选一。其实，我可以把两个都先暂时搁下。"

"与其费尽时间和心思去权衡到底如何选择，还不如把同样的时间和心思花在自己和女儿身上，考虑如何能够让自己和女儿更加开心和幸福，考虑如何让自己的情绪更加平稳，考虑如何给女儿一个更加宽松的环境来减轻她的症状。"

一个疗程的10次催眠很快就过去了。两个月后，一次偶然的机会，我们又碰见了。

小洁告诉我，这段时间她一直在用心地陪伴着女儿，用心地享受着每一个瞬间，而不再寄希望于为闺女找一个"爸爸"来帮助自己治好孩子的"抽动症"。对于自己，她也不再寄希望于找到个人来让自己快乐，而是自己让自己快乐、幸福起来。当用心过好每一天的时候，她感觉很幸福，女儿也很快乐，并且女儿的症状也开始减轻了。同时，她真的不会再纠结于什么"二选一"了。

她最大的体会，就像我催眠中经常说的一样："不需要刻意地配合或者抵抗，就让这一切自然发生就好！"

……

很多人都听说过这样一句话：人生的意义不在于拿到一手好牌，而在于如何将一手烂牌打成好牌。

很多离异的人会觉得，"离异"就意味着自己已经把牌打烂了。如果前一次婚姻中再有个无辜的孩子的话，那这些人在离异后，吞噬内心的不仅是伤心，更多的是对这个小生命的一种愧疚和懊悔。

这些种种的消极情绪和自我否定足以让他怀疑自己是否还有资格再拿到一手好牌，是否还有能力把一手烂牌打成好牌。

但是离异的人所忽视的是，他从来都不是自己一个人在打牌。其实，他一直是有搭档的。在上一次"把牌打烂"的过程中，自己确实是有问题。但不可否认，他的搭档也一定是有问题的。那既然上次的牌打烂了，就不要让它白白打烂，除了暴露了自己的问题，也要总结出自己需要的是什么样的搭档。从每一次失败中吸取教训，这样才能让自己更快地成长，才能从坏事情中找到好处和价值。

既然人生很多东西都是无法选择的，那么对于可以选择的就不要糊里糊涂地去将就自己。

离异的人下一把会抓到怎样的牌不可知，但是你有完全自主的权利和充裕的时间去选择你究竟想和谁一起来打这把牌。

如果在再次开局之前，你已经很清楚地知道你有A和B两个备选的搭档，但是这两个搭档都无法和你一起把这一把牌打好，你除了选A或者选B，其实你还有第3个选择，就是推迟开局。甚至你还有第4个选择，就是给C一个机会。也许，当你跳出现在这个自己给自己画的圈的时候，你会发现，你还有第5个、第6个、第7个选择……

而你可以拥有这么多选择的唯一前提就是，你允许自己有足够的时间去分辨自己的需求，去选择新的搭档，而不要被世俗的话语所驱使，听信什么"年岁大啦，找一个差不多的就行了"，"和谁过不是过，找个对你好的就行啦"，"带着孩子不好找，随便找个搭伙过日子的就可以啦"。

离异，不意味着你就是个失败者，而意味着你比别人有更大的勇气来结束一个失败，你比别人有更强烈的渴望去追求人生幸福。因此，不要让你的勇气和渴望向世俗的眼光低头，怀抱着这份骄傲和不屈服，活出你应有的幸福的模样。

我认为，对于离异但仍对爱情抱有梦想的人来说，人生的意义不在于拿到一手好牌，而在于给自己足够的时间选择一个好的搭档，共同将一手烂牌打成好牌。

"过去"不是你的羁绊，而是你的阶梯

让我们先来看两个真实的故事吧！

故事一

夏夏订婚了，正式婚礼定在3个月之后。但是，她却在订婚的第2天跑到了我的工作室。

夏夏告诉我，7年前她曾有过一段痛苦的婚姻。

当年，她和相恋12年的男友领证后，竟然发现他在婚后的1年里出轨了无数次。因为老公每次的忏悔、因为12年的爱情，夏夏虽然心痛，但始终没有选择离开。

最终迫使夏夏痛下决心的是，她无意间在老公的手机里发现了老公和自己闺蜜的床照。

刹那间，她感觉自己爱情、友情和所有的信任系统都崩塌了，唯一还屹立不倒的就是对老公、闺蜜的愤怒和指责以及自己的委屈和痛苦。

在发现床照的第二天，夏夏离婚了。

这7年的时间里，夏夏每周都会至少做2次噩梦。

每次的噩梦都是有关前夫和前闺蜜的，梦到自己在质问他们为什么要这么做，怎么可以这样对自己！而每次梦醒，自己的枕巾都是湿漉漉的一片。

夏夏告诉我，她觉得自己在这种状态下没有办法再次步入婚姻的殿堂，因为那对她的新男友太不公平了。她无法带着对前夫的怨恨、对爱情的质疑和千疮百孔的信任系统进入新的婚姻。

夏夏来找我，请我给她做催眠，帮助她忘记过去的痛苦，好让她能快乐地开始新的生活。

我告诉她，帮她忘记过去，我做不到！因为事情曾经真实地发生过，我无法像格式化硬盘似地把她对前夫的记忆"格式化"掉，我更无法把她对爱情的怀疑和不信任给"一键删除"了。

但是，我能够做的就是在她想起过去的时候，不再产生情绪，不再感觉到无穷无尽的痛苦和愤怒。也就是说，当她再想到前夫出轨的时候，就像想到小学3年级被同桌恶作剧了一样，她能够在想起这件事时，不再委屈、不再气愤、不再撕心裂肺。

催眠做到第3次的时候，夏夏告诉我，她又梦到前夫了。这次，前夫在梦里是个熟悉的陌生人，一个过客。自己梦醒后，不再有任何痛苦的感觉。

催眠做到第7次的时候，夏夏告诉我，她已经不记得最近梦没梦到前夫了。因为有关前夫的梦已经混在自己其他各种各样的梦里，变得不再特殊了。

催眠做到第10次的时候，夏夏告诉我，她准备好迎接新的生活了。现在，她就是她，不再带着前夫的阴影，不再带着过去的痛苦，不再带着对爱情、友情和信任的阴影。

她觉得正是因为之前的经历才让她意识到，现在的男友是多么可靠，自己对于爱情是多么渴望。她愿意义无反顾地、毫无保留地再爱一次。3个月后，夏夏幸福地走进了婚姻的殿堂。

到现在，夏夏仍然不接受前夫的所作所为，但是她已经接纳了过去的一切。她不曾忘记过去的种种，但是那些记忆存在的价值是为了提醒她，现在的婚姻是多么美好，她是多么幸福。夏夏说，如果真的忘记了过去的那段经历，现在的幸福感绝对不会有这么强烈。所以，她现在的快乐来自于对自己所经历过的痛苦的接纳。

What doesn't kill you makes you stronger!（那些没有杀死你的，终将会让你变得强大！）

故事二

公司裁员了，裁员名单里有阿丽。

阿丽无论如何也接受不了这个决定，不管从工作能力、工作成果，还是勤奋程度来说，她都是整个部门出类拔萃的。

但是仅仅因为公司业务调整，不再需要她这个职位了，她就被裁掉了。

这份工作是她毕业以来的第一份工作，她一做就做了5年。公司对她来说，不仅仅是个工作的地方，更像是一个家。而这次突如其来的裁员对她来说，就像是她被硬推出家门外。她，被家给抛弃了。

虽然找到一份新工作对她来说完全不是个问题，但是每每去工作，那份曾经痛彻心扉的"被抛弃感"、"背叛感"和"孤独感"就会席卷而来。这些感觉使得她在工作的时候，时时刻刻都体会着对于"工作稳定性"的焦虑。她觉得自己就像一片没有根的叶子，完全无法控制和预测自己将要飘到哪里去。

慢慢地，心理上的焦虑泛化到了生理上，她开始出现了严重的口吃现象。

不管是在工作中做演示，还是在生活中闲聊天，她都会没来由地心跳加速、紧张、口吃，不分对象、不分场合、不分事情，甚至和自己的父母吃饭聊天的时候，也会口吃。除此之外，当任何人以任何形式提到她的旧公司名称的时候，她都会瞬间潸然泪下，仿佛她的心脏被人用勺子狠狠地挖了一下。

阿丽意识到自己的这个状态是不正常的，于是开始了积极的自救。

她开始积极地练习各种"自我放松"的技术，不紧张就不会口吃。同时，她开始发散自己的兴趣，不让自己宝贵的时间无限循环地纠结在"为什么他们不要我了"上。阿丽开始去学法语、学舞蹈、学心理学……

今天的阿丽是一个兴趣广泛、身材姣好，透着成熟知性味道的女性。

她不止一次感叹道，如果不是当初被公司裁员，如果不是当初痛彻心扉的失去，她绝对不会意识到在"工作"之外，还有一个"自己"是需要自己关注的。如果不是当初的"被抛弃"，她也不会有时间和精力去发展自己的兴趣和爱好。如果没有当初的痛楚，就不会有今天成熟优雅的阿丽。

两个故事讲完了。

很多人都会觉得，我现在的不幸福全部是源于过去的痛苦回忆。

比如，我正在高高兴兴地开车呢，突然广播里传来我和女朋友分手那天在KTV唱的最后一首歌，结果我瞬间泪如雨下。一整天的时间，整个人都感觉很沮丧、很伤心。

比如，我正兴高采烈地和老公商量，下学期应该给孩子报什么兴趣班呢，结果老公顺嘴说了一句"别报乐器了，你看你妈小时候逼你学钢琴逼得那么狠，你不是最后还是半途而废了吗"。一下子，我就爆炸了。我开始和老公争论，小时候我没有坚持下来是因为没有环境的影响，但是现在和以前不一样了……不论我在开始的时候怎样平心静气地解释，最终我都无法释怀，他总是会揭我这块伤疤。所以，终究还是逃不过一顿大吵。

正因为有太多这样的体验，才会有大把大把的人呐喊道："只有忘掉过去，才能重新开始，才能幸福"。

其实，人生从来都是痛并快乐着。"痛"的存在，并不是要把你折磨致死。"痛"的宝贵价值就在于要给你机会，让你有机会"痛定思痛"，在痛苦中提取出有营养和有价值的东西，把这些东西融入你现在的生活中，从而提升现在的"幸福感"。

简单来说，想要现在的幸福和快乐，不是要忘记过去的痛苦，而是要接纳过去。总结起来就是8个字：取其精华、弃其糟粕。

在一遍一遍对过去痛苦的回忆中，找到我们之后应该怎么做，找到我们真正在乎的是什么，找到我们的追求。之后，在对过去的感觉中体会到现在的幸福和美好，让过去的痛苦回忆成为我们今天幸福的助推剂。

如果你现在心里有一件事想起来仍然会让你隐隐作痛，那么为了让你能够顺利地接纳它，请你拿出你的手机、纸和笔，我们一起来做下面的事情。

用手机找到凯莉·克莱森（Kelly Clarkson）的*What Doesn't Kill You*，单曲循环。

用笔在纸上写下：

我放不下的事情是……

这件事给我的感觉是……（委屈、愤怒、龌龊、吃惊……）

这件事让我得到的是……（对健康的重视，家人对我的关心，更多的自我学习时间……）

为了把我得到东西的价值最大化，我会具体这样做……（对健康的重视，我会每天跑步3公里；对于和家人的互动，我会每周给家人打2个电话……）

要知道，那些没有杀死我的，终将会让我变得强大。

无法下定决心转行？因为你还不够"痛"！

先来讲一个真实的故事。

我的一个朋友，在外企工作多年，做技术的，职位和收入都很好。

他对金融类的知识很感兴趣，业余时间都在学习和研究这方面的知识，并能学以致用，早早地进行资产配置，买房买股票买保险……

他人缘好，金融知识又多，自己的配置和收益又很好。所以，越来越多"有钱没地儿花"的同事和朋友向他请教有关资产配置方面的问题。并且，他所在的公司的一些团队也会请他过去给团队成员做金融方面的讲座，来丰富员工的知识储备。渐渐地，随着来咨询他的人越来越多，在公司内的名气越来越大，他开始兼职做起了保险及理财规划师。

有一天，他突然从公司离职了，说是转行去做全职的保险和理财规划师了。

当时我和他还不是很熟，无从得知他转行的原因，只是暗暗想：在公司有稳定收入，再兼职做理财师赚外快，不是很好吗？

这是得衡量了多少利弊得失，彻夜不眠地思索了多长时间，才敢在三十多岁、在有老人有老婆的情况下，放弃目前的职位、收入和前途，决定转行呀！

后来，我们越来越熟。一次，我问起他当初转行的思考过程。

他回答说："那会儿，我和我老婆一直想要小孩，未果。调理了很长一段时间后，医生仍旧说，我们工作太忙，身体不行。从医院出来，我和老婆商量了一下，下午我就回公司把工作辞掉了。"

听了这个回答，我愣了半天，问："就这么简单？没有深思熟虑？没有长期酝酿？没有远景规划？甚至都没有纠结？"

他笑了笑说："对，就这么简单！"

看到这里，你们会不会和当年的我一样，有一种"这本不该这么简单"的感觉！

放弃那么稳定的工作，那么高的职位和收入，那么安逸的生活，转去完全不同的另一个行业。这么重大的一个抉择，竟然是因为那么不起眼的一件小事，在那么短暂的一秒钟之内促成了。转行，真的可以这么任性吗？

为什么说起这个故事呢？因为我本身也是一个"转行者"，我总会遇到一些人像当年的我一样，好奇应该如何选择、如何决定、如何计划。通常，下面这些问题是我被问到的最频繁的问题：

该如何考虑转行？

怎样准备转行？

我到底要不要转行？

如何才能转行成功？

……

其实，你不需要到我这里去寻找什么"成功的足迹"，也不需要套用我的"转行模式"。如果你想完成转行，你需要的只是"一些积累"和"一个瞬间"。

给你讲讲我的故事吧。

我本科和研究生都是计算机系的，从研一开始，在摩托罗拉做实习生。研究生毕业后，我直接留在了摩托罗拉做软件研发的项目经理。

26岁的时候，因为美剧《别对我说谎》（*Lie to Me*）开启了我对于"心理学"好奇的大门。在工作之余，我开始接触心理学，看书听课追剧，学得不亦乐乎。

27岁，我考下了"心理咨询师"证书。

考这个证书完全是出于"好玩"。当时我觉得，反正该看的书我都看了，该学的知识我也都学会了，花了一年的时间去学习，就不差花半天的时间去参加个考试了。于是，我交了报名费，参加了考试，并且拿到了证书。那时，我完全没有预料到这个会成为我之后的职业。

我对心理学的学习一直在断断续续地进行着。很迷《别对我说谎》的那阵子，这部片子被我反复看了不下5遍。当时，我觉得像莱特曼（Lightman）那种"一切尽在掌握"、"我一直都能看透你"的样子很牛，脑子里时不时就会想，如果我做"心理咨询师"，如果我经营一个像莱特曼集团（Lightman Group）那样的公司，会不会也很帅？

但是想归想，我从来没有考虑过真正的转行。因为我在罗托罗拉做得很快乐，老板和同事对我都很好，整个团队的氛围也很好，感受到的自我价值感极高，并且外企的福利和收入实在是好。我对现实如此之满意，所以虽然我对心理学一直保持着浓厚的兴趣，但是这个兴趣不足以构成我打破现状的动力。

接着，我结婚了，怀孕了，生宝宝了。

我和每一个新手妈妈一样，从怀孕起就开始看胎儿、婴儿、幼儿的心理发展方面的书。因为本来就有"心理咨询师"的基础，在看书的时候就看过《发展心理学》。所以，在当了妈妈之后，还看了《教育心理学》等更多的书目。后来，我又去中科院读了个心理系的研究生。

随着学习的深入，我更加懂得父母的有效陪伴是多么重要，而所有这些陪伴的需求都和我当时的项目经理的工作性质和时间安排相冲突。

近十年的工作经历让我明白，如果我继续做当时的"项目经理"的工作，我就需要在元元早晨起床之前离开家去上班，在元元晚上睡觉之后才能到家，甚至连周末都可能需要加班。因为我的老板和整个团队都在国外，所以我需要24小时连轴转地工作：上午和新加坡、韩国的团队开会，下午和欧洲的团队开会，晚上和美国的团队开会。虽说是flexible working hour（弹性工作制），但其实这也意味着，我没有自己可以掌控的时间来给予元元最充分的陪伴。

每每想到这些，再想到这几年来学到的心理学案例中父母缺位对孩子造成的影响，隔代教育给孩子带来的权威不清等问题，我就会很纠结，很痛苦。

到了元元快一岁的时候，我很快就不再有哺乳假了，眼看着工作节奏就要像怀孕之前一样的连轴转了。

当时，看看元元有妈妈陪伴时的幸福样子，想想之后的工作对于陪伴时间的影响，我只觉得心越来越痛。突然，我想到了"心理咨询师"这个职业，想到了这个职业的时间安排都是预约制的，我毫不纠结地下定了决心：我，正值32岁的"高龄"之际，要转行！我要的工作，是时间完全归我掌控的工作！

看到这里，你是不是又一次觉得你听了一个"假转行的故事"。怎么我的转行，也是因为一件小事，在一秒钟之内促成的？！竟然跟我在开篇的时候讲的我的那个朋友的转行过程"神同步"！

讲到这里，我要告诉你的是，决定转行真的就是如此简单。

如果你有转行的想法，但是迟迟没有付诸行动，并且你还在时不时地纠结、考虑和犹豫，那唯一的原因就是你还不够痛！

像我前面写到的，我27岁就拿到"心理咨询师"证书了，也不断有做心理咨询师的闪念。为什么之后的那么多年，我都没有付诸行动呢？

因为就像我前面自我剖析过的，"我在摩托罗拉做得很快乐，老板和同事对我都很好，整个团队的氛围也很好，感受到的自我价值感极高，再加上外企的福利和收入实在是好。我对现实如此之满意，所以虽然我对心理学一直保持着浓厚的兴趣，但是这个兴趣不足以构成我打破现状的动力"。

换句话说，人都是有惰性的。当环境足够安逸的时候，当你所拥有的足够满足你的物质需求和大部分精神需求的时候，虽然你清楚地知道"生于忧患"，但是你会放任自己不去改变现状，满怀惰性地享受"死于安乐"的过程的。

为什么我会在自己已经32岁并且是有房贷要还、有孩子要养的时候，可以毅然决然地放弃优厚的收入、稳定的工作及积累了十多年的行业经验，而转行到一个我零背景零名气的行业呢？

当时，周围有很多人都在劝我：不要头脑发热，不要想当然。当时，他们的原话是这样说的："Vivian，你真的决定了要离开了十年所学习和从事的计算机领域，跳到一个你完全没有背景的心理学领域？人家心理学本科和研究生毕业的人都不当心理咨询师，当了的那些人连自己都养活不了自己，你在这个领域一没背景二没人脉，你凭什么觉得你能做好？那些客户又凭什么来找你一个半路出家的咨询师？你有什么发展计划？"

其实，当时对于他们的问题，我完全没有答案。我唯一笃定的就是，"好好地陪伴元元"是我做了妈妈之后最大的愿望。而由于工作原因，无法陪伴元元是我最大的痛。这个"痛"一旦出现，其他关于"转行"的种种顾虑立马变得不重要了。不是说这些"顾虑"是多余的，而是说在我做出了"转行"的决定之后，这些"顾虑"不再是绊脚石，而只是一个个"有待解决"的问题了。

所以做出决定真的就是一秒钟的事情，因为在我看来在做决定的时候是没有任何妨碍性问题的。

而文章开头提到的从技术转作理财师的那个朋友，也是在"身体不好，无法要宝宝"这个"痛"出现之后瞬间做了决定。

这个"痛"就是我说的完成转行所需要的"一个瞬间"，其他的一切在别人看来的"顾虑"和"需要考虑的因素"在这个"痛"的面前，全都会化为浮云！

那么，完成转行所需要的"一些积累"是什么呢？

看起来，我们的转行都很任性，但是我们真的是拍脑袋就转行的吗？

不是的！成功的转行，你看到的是"一瞬间"的决定，你看不到的是在转行前多年的积累。

我在决定转行前，不仅有6年的心理学学习经历，早已拿到"心理咨询师"证书，并且已经兼职做过一定小时数的心理咨询。

我的那位朋友也一样，在决定转行前学过多年的金融知识，不仅实战经验丰富，成果颇丰，而且当他还在外企工作的时候就已经通过兼职获得了稳定的客户群和很高的认同度。

这些积累都是我们可以"任性"转行的资本，都是痛定思痛后可以"一秒钟做决定"的前提。

我也曾经碰到过很多朋友告诉我说："我也对心理学感兴趣，我也想像你一样转行，行不行？"当我问他们都有什么储备的时候，他们会睁大了眼睛问我："难道我不能像你一样，先转行，再储备吗？"我真的不知道我"拍脑袋转行"的假象会坑害多少人，所以我很痛心疾首地告诉这些跑过来和我讨论转行的人"不要光看见贼吃肉，没看见贼挨打"。

当我看到很多人，一边纠结"我要不要转行"，一边抱怨"现实让我不满意"的时候，我其实是由衷地替他们高兴的。

如果你对现实一直满意，必然会如同32岁之前的我，虽然有梦想，但那些"梦想"只会在你的"梦"里"想"，永远都不会被实现。

只有一次一次地，现实让你感觉到不满意、难受、痛苦的时候，才是你心底那座"梦想的火山"开始酝酿，并且积聚力量的时候。而当最终那个让你"痛彻心扉"的事件发生了，你心底那座"梦想火山"才会在瞬间冲破一切阻碍，喷发出最绚烂的火焰！

关于我的转行，后话就是在我32岁决定转行之后，34岁成立了自己的心理咨询和催眠工作室，35岁成立了公司。在我不大的梦想下，我获得了时间自由和心灵自由。我很快乐，元元很快乐，我老公很快乐，整个家庭都很快乐。

特别重要的是，在我用"心理咨询"和"催眠"帮助别人的过程中，我看到了我的专业技术是怎样帮助一个人做出了不可思议的巨大的改变的：从第1次咨询进行前的"想要自杀、不想活了"，到第5次后的"我对生活充满了信心"，到第10次后的"我能做，我能行"。那种"帮助一个人改变一生"的感觉是我体会到的最有"价值感"和"存在感"的时刻。也无怪乎，别人总会说，看到我谈论自己的工作和职业的时候，我整个人都是兴奋的、放光的。

不经历风雨，怎能见彩虹！让我们拥抱变化、拥抱挫折、拥抱痛苦，让我们从每一次的"痛"当中积聚力量，实现梦想，完成人生最华丽的转身！

你的生活和"多姿多彩"之间，只差了一个"时间管理"

经常有人会羡慕地对我说，你的身体里到底有多少能量可以支持你这样"多姿多彩"的生活。

因为，他们所看到的是：

我是个心理咨询师和职业催眠师，有自己的公司；

我是个健身爱好者，有马甲线、人鱼线和4块腹肌；

我是个小提琴手，经常参加交响音乐会商演；

我是个品酒师，喜欢看各种品酒的书籍和参加名庄品酒会；

我是大学客座讲师；

我是个爱吃爱玩，在北京生活频道做美食节目的嘉宾；

我坚持写自己的公众号文章，坚持每天看书和学习，坚持自己的娃自己带，坚持每天给娃读中文、英文、法文的绘本；

……

貌似我的身体里真有比别人更加强大的小宇宙，才能像八爪鱼一样有条不紊地完成这么多的事情。

但是实际上，我只是一个普通得不能再普通的人，智商普通、能力普通、机遇也普通。我能做到这些的唯一原因就是：努力用好每一分钟。

你可能会说，"时间管理"是个很老套的话题了。我已经在碎片化地利用我的每一分钟，甚至我会在吃饭的时候去刷朋友圈，这样我就可以把饭后的时间节约出来去看书和画画了。

但实际上，在我看来，"碎片化利用时间和节约时间"的管理方式是过时的、低效的，它并不会帮助我们得到"多姿多彩"生活。

就像一个TED演讲里面提到的：We don't build the lives we want by saving times. We build the lives we want, and then time saves itself.（并不是通过节省时间创造想要的生活，而是先创造想要的生活，然后时间就自动会节省出来了。）

给你讲一个刚刚发生在我身上的事情吧！

有一天早上6点起床之后，我给老公准备了早餐，把闺女送到幼儿园，做了45分钟的运动，1个小时的头发护理，写了1篇公众号文章，中午约了个朋友吃饭谈事情，下午做了6个催眠预约，晚上参加了1个初中同学聚会。

夜里12点到家之后，我突然发现家里饮水机的水桶已然漏出了多半桶的水。水已经漫到了立式空调、健身器材、沙发和所有绿植的下面，再加上我家是木地板……所以……你可以想象当时我抓狂的心情……

于是，我只好大半夜拿着抹布和盆，把东西一个一个地挪开，用抹布一点一点地把水蘸起来，拧到盆里，再蘸水，再拧……

当我确认木地板确实都弄干净了，不会因为受潮而变形的时候，2个小时已经过去了。2个小时啊！

如果你在那天早晨问我"你能不能拿出2个小时陪我去逛街"或者"你能不能拿出2个小时给我讲讲催眠"，我会毫不犹豫地回答你"不好意思，今天没有空档了。我的日程已经从早晨6点排到夜里12点了！实在是挤不出时间来了"。

但是，当我到家发现水桶漏了的时候，我竟然拿出了整整2个小时来做清洁工作！

我无法选择我一天是有24小时，还是有26小时。我能选择的是，24小时当中的2个小时，我是要分配给"睡觉"还是给"漏水的水桶"。

我们没有能力左右时间的"长度",但是我们有能力去安排放到时间里面的"内容",所以时间管理的关键就是要把重要的事情当作那个"漏水的水桶"来对待。

或者换句话说,你没有时间做某些事情,并不是你真的挤不出来时间,而是它不够重要。

不是"我都忙死了,所以没有时间去健身",而是"我选择不去健身,因为我有对我来说更重要的应酬要参加"。

不是"我实在不知道接下来的两年时间里,有没有足够的时间来上课和看书。虽然我对心理学感兴趣,但还是别报'在职研究生'的课程了,自己随便看看书算了",而是"我选择不把我两年的时间都用于学习,因为我更想去逛街、睡觉、美容和追剧"。

不是"过两天的日程还没有确定,所以我不知道后天能不能和你一起吃饭",而是"我选择现在不和你敲定吃饭的时间,因为你还没有足够重要到能够优先占据我的时间安排"(如果女孩子和男朋友约会的时候,经常听到前面那种回答的话,自己掂量一下,究竟是因为你男朋友是个"上进青年",还是因为你自己只是个"备胎")。

如果想要"多姿多彩"的生活,你应该怎么做好"时间管理"呢?怎么把重要的事情当作那个"漏水的水桶"来对待呢?

在每周五的下午,拿出一张便利贴,把便利贴叠成三行,只在上面写两个词。在第一行和第二行写上你下周要完成的最重要的两件事（生活中或者工作中，个人成长或家庭建设），每件事情用一个词来概括，把第三行空下来。把这个便利贴贴在你的显示器屏幕上或者日历上。那么，在接下来的一周时间里，你要用便利贴上面的两件事来填充你的时间。

第三行为什么要空着呢？因为当你在下一周突然有特别重要而且紧急的事情要做的时候，可以把它写到第三行。

如果每一个周末，我们都能够清晰地思考出下一周对我们来说最重要的事情是什么，而且在下一周里我们能够把重要的事情安排在最优的时间当中去完成，并且是有目的地优先去计划和完成，那么每周结束的时候，我们会因为按时完成了计划中的事情而获得满满的成就感。同时，你会发现其实在你这样把大块的时间优先安排给重要的事情之后，那些不太重要的事情竟然可以在剩下的时间里神奇般地完成，好像你的时间利用率得到了整体的提高。

这个方法真的有这么神奇吗？答案是肯定的！有一个故事可以完美地解释这种方法的神奇之处。

这个故事的大致内容是这样的：桌子上放着一个大盆，还有一些大石头、小石头和沙子，要求两个人往盆里装尽量多的东西。第一个人，先往大盆里放满了沙子，然后再放小石头，等他要放大石头时，盆里已经满得塞不下任何东西了。而第二个人，先往盆里放满了大石头，然后再放小石头，接下来用沙子填满了石头间的空隙，最后他发现还能往盆里倒进去不少水。

如果这个盆就是我们人生的长度，而大大小小的石头、沙子代表着我们生命中要完成的不同的重要性的事情，那你是希望自己做故事中的第一个人呢，还是第二个人呢？

我一直坚信的是，不管我们看起来有多忙，对于我们想做的事情，对于我们认为重要的事情，时间总是足够用的。而当我们持续不断地关注和完成重要的事情的时候，我们就能在有限的时间内活出无限的多姿多彩。

要想铠甲坚硬，内心必须柔软

小瑶，短发，黑边眼镜，一身黑衣。1米7的个子，宽宽的肩膀，让她整个人看起来显得"高大挺拔"。

我面前的她，是学过教育、学过心理学的。她会用心理学和理性的方式来客观地分析周围的人、事、物。

听着她极其冷静的分析，极富逻辑的表述，任何人都会觉得她是一个硬朗、利落、大条的姑娘。

她说："Vivian，我想更加了解我自己，了解我的内心，所以我来找你做催眠。"

在整个催眠过程中，小瑶的眼泪一直在不停地流着。

催眠结束后，小瑶像变了一个人似的，她的理性分析和逻辑判断还在，但是目光却明显地温柔了许多，连说话的语速都变慢了一些。

她说："Vivian，我已经很久没有流过泪了，我也不知道自己刚才为什么会流眼泪。"

我说："那你来说说，在刚才催眠的过程中你有什么感觉呢？"

她说："从你的声音和整个催眠的过程中，我感受到了一种张力，一种既温暖坚定又不是在可怜我的感觉。"

我说："那么，你流泪的时候是什么感觉呢？"

她说："刚才流泪的时候，我没有觉得伤心，也没有觉得难过。一开始，我都没有意识到自己在流泪，直到眼泪一滴滴地落在了我的手上，我才发现，自己哭了。"

我说："嗯，刚才催眠的过程中，我一直在观察你整个潜意识的表现。我的判断是，你的现实生活经历已经很久没有温暖到你了，是不是？"

她说："我在家里和工作中从来都是安慰别人、照顾别人的角色，所以总是别人在流泪和软弱的时候找到我，而我却从来不觉得自己需要别人的安慰和照顾。"

我说："但是现在，你明白的，你内心当中一直都有'被温暖'和'被照顾'的需要。只不过你的生活环境需要你的坚强和理性。久而久之，你从意识和潜意识当中把自己的这种需要忽视掉和压抑住了，是吗？"

她说："嗯，我想可能是这样的！"

我说："我猜你也很久不在乎自己的感受了，甚至都不知道自己的感受是什么了。做事情、做决定的时候，你总是想着别人，而从来不考虑自己的需求，是不是？"

她说："嗯，是的！"

我说："就是因为这些，所以刚才在催眠中我只用了5分钟的时间让你感受到我对你的温暖，你的感情闸门就会一下子打开了，你真的已经亏待自己太久了！"

小瑶，若有所思地思考着……

快结束的时候，我告诉她："允许自己柔软下来，允许自己适时地卸下铠甲。把自己当成一个普通人，而不是一个战神！这样，你才会更好地了解自己，体验幸福！"

第二天，小瑶给我发来了这样的微信。

小瑶：我之前是学教育的，所以也上过心理学的课程，不过我从来没有从这个角度关注和想过自己，没想到自己的潜意识里背负了这么多。想想，挺对不住自己的。

我：你以为自己是战士，永远都在战斗。其实，你就是一个普普通通的女孩子，你有资格让自己休息、放松和变柔软。

小瑶：嗯，我真的有时候会产生战士的感觉，是真的手里拿着剑的那种。

我：对的，在昨天催眠的过程中我看得很清楚。

小瑶：不知道是不是昨天被你触动了什么开关，上午去看了《冈仁波齐》，从头哭到尾，剧中人随随便便的一句话就把我听哭了。

我：昨天做完，我就给你分析了，你一直以来给自己背负的太多了。该你的、不该你的，你都背在自己的身上和心里。

……

在我做过的几百个心理咨询和催眠的案例中，这种现象太常见了。

社会教育我们要坚强、要理性、要用左脑做逻辑判断，反复强调不要想一出是一出，不要由着性子做。并且在我们长达十多年的学校教育过程中，我们的逻辑思维在被各门功课进行着各种各样的训练，但是我们的感受能力却被潜移默化地抑制着。久而久之，我们就习惯于用脑思考而不是用心感受了，我们越思考就越觉得自己不快乐。随着我们越来越聪明，我们对于幸福的感觉却越来越贫乏。

很多人都有这样一个共识：随着年龄的长大，我们觉得自己越来越机械，越来越难于满足，越来越觉得生活没意思。

这种"共识"不仅导致了很多成年人默默承受着现在的"不快乐"而不去试图改变，而且它也导致了很多学生选择用"自杀"的方式来提前告别这个"无趣"的世界。

曾经有一个自杀后被救活的初二男孩，在我给他做心理干预的时候，他告诉我："老师，我上小学的时候，睡觉前总有无数件想做的事情：看书、玩玩具、打游戏……但是自从我上了初中，睡觉前我不知道我该干点什么了，觉得干什么都没有意思，而且我看你们大人们都是越长大越不快乐。既然如此，为什么我还要活下去呢？"

孩子的提问没有错，我们的心确实在变得越来越坚硬。"小确幸"们根本无法引起我们的幸福感，我们不再能感受到一根冰棍、一块软糖、一次比赛所带给我们的快乐。很多人会呐喊："人越大，越不快乐！"其实，我们周围的生活变了吗？没有！变的是我们！

我曾经也确确实实有过这样的感觉。

我是个工科女，从小学到硕士毕业，接受了严谨的科学逻辑思维的训练长达19年。毕业之后在摩托罗拉做软件研发的项目经理，我工作的内容和节奏就是一个项目接着一个项目，一个产品接着一个产品。那个时候，就算我负责的产品在全球上市了，我都丝毫感受不到什么特别的"喜悦感"和"成就感"，甚至觉得产品上市的庆功宴都是多余的。满脑子的想法就是：下一个产品什么时候开始？要怎么做？

那时，我感觉自己的笑点很高，幸福感很低，而且从不觉得生活中有什么特别令人感动的事情。当然，也因为紧闭心扉，同样我也不会被什么事情轻易地伤害到。当时我甚至还为自己这种"不以物喜，不以己悲"的"成熟"而沾沾自喜。我的整个生活，就是达到"这一个目标"后向"下一个目标"迈进。那段日子里，我只顾拼命地低头拉车，生怕被行业、被时代落下，从来不会抬头欣赏风景。

机缘巧合之下，我转行了做了一名职业催眠师和心理咨询师，在越来越多地看到别人的"不如意"之后，我慢慢地意识到自己现在所拥有的、自己所认为的"平凡和普通"是多么的难得和幸福。慢慢地，我变得柔软了下来，会因为咖啡馆里的一杯拉花咖啡、路边小宝宝的一个甜甜的微笑而感觉"世界真美好"，也会因为一篇动人的诗歌、一张充满亲情的照片而潸然泪下。渐渐地，我觉得自己活得像一个活生生的人了，对外界又有感知力了，不再是一个冷冰冰的机器人了。

　　诚然，当脱下铠甲，打开内心，从机器人"退化"成为人以后，会感受到温暖和幸福；同时，也会被伤害到。而所谓的"成熟"和"长大"，不就应该是在每一次"被伤害"后，依然可以相信世间的美好，并且为了世界和他人的更加美好做更多的努力吗？

　　千万不要认为，"温柔的内心"是一个冗余的东西、一个不合时代潮流的器官，一个应该被我们深深地埋藏在灰尘中的概念，而"坚硬的铠甲"才是百折不挠、勇往直前、迈向成功的前提。

　　很多人套上了"坚硬的铠甲"，抛开了"温柔的内心"，全力以赴地提升自己、造福他人。殊不知，当一个人坚硬的时候，心也是坚硬的。冷冰冰的心是无法慰藉自己的，更无法温暖别人。

　　只有当一个人肯卸下铠甲，允许自己柔软下来，让自己用"心"而不是用"道理"去感受周围的人、事、物的时候，他才有可能满足自己、温暖别人，才有可能照耀全世界。

允许你自己有喜怒哀乐，允许你做回自己，你才会感受到幸福，你才会充满力量，你才会绽放出属于自己的光彩。

做个"立体人"，你会更快乐

姗姗，是一位全职妈妈。约我做心理咨询的时候，她本来是想聊孩子的情况，结果说着说着，就说到了她自己。

"我把孩子生下来以后，为了能够更好地陪伴他，就辞掉了工作。这几年，我看了很多育儿方面的书，听了很多亲子关系的课，一门心思地扑在了孩子身上。

"但是我发现，这样做的结果不仅孩子没有像我期待的那样成长，而且我也变得越来越不快乐了，觉得自己好像什么都做不好。

"你说说，我怎么才能快乐起来呀？"

西西，在央企工作，年纪轻轻就是副处级。因为自己的情绪和状态问题，她找到我做催眠。

"我本来是个很有活力、干劲十足的人。毕业以后，我将所有的精力都用在了工作上。但是，随着对业务越来越熟悉，工作做得越来越顺利，我却越来越不快乐了。

"因为大多是重复性的工作，所以我现在总会感觉自己很平庸，自己的生活也没有什么价值。我整天忙忙碌碌，但是心里很空，人很麻木，不快乐。

"你说说，我怎么才能快乐起来呀？"

如果我说导致姗姗不快乐的原因就是她"一门心思地扑在了孩子身上"，导致西西不快乐的原因就是她把"所有的精力都用在了工作上"，你会不会觉得我这个是强盗逻辑？

我们先来看看姗姗的例子。试想一下，孩子在成长的过程中，哪有不走弯路、不犯错误的？！

当姗姗"一门心思地扑在了孩子身上"之后，她的世界里还有"自我"的存在吗？如果忽略掉了"自我"，那"自我评价"怎么来实现呢？因为她的世界里只有"孩子"，所以她只能以孩子的成败来作为衡量自己成败的唯一标准。于是，"全职妈妈"就是姗姗人生唯一的"呈现"。

孩子抢玩具了、打架了，这是一个再正常不过的小孩子之间的冲突和矛盾解决的过程，姗姗却并不这么看。她会把这个归结为"我没有教育好孩子"。

姗姗认为我把工作辞掉了，每天24小时就是带孩子，结果教育出来的孩子竟然抢玩具、打架！我看了那么多书、听了那么多课、花了那么多心思教育出来的孩子竟然和其他没水平的家长教育出来的一样，我真是太失败了！我真是什么都做不好！姗姗把孩子的一个正常行为进行了歪曲的解读，从而否定了自己的全部。

我们再来看看西西的例子。试想一下，工作中，就算你做的是"创造性的工作"，但当你日复一日这样做的时候，这些"创造性的工作"也会变为"重复性的工作"。

当西西把"所有的精力都用在了工作上"，她就以工作的质量来评价自己人生的质量。"工作人"便成了西西人生唯一的"呈现"。

工作内容没有新意了，不创造新价值了，西西不会客观地把这个分析成"我进入了职业倦怠期"，之后再去寻找"职业突破口"，而是会消极地把这个归结为"老板认为我没有什么新价值了"或者干脆归结为"我没有什么价值了"。

西西的道理是这样的：我一周都在忙工作，结果也没有忙出太大的价值，并且老板也不再分配给我新的工作内容了，我真是太失败了！我真是什么都做不好！西西从工作的重复性定义了自己整个人生的平庸。

当一个人只有一种"呈现"、一个"侧面"的时候，这个人是很难快乐起来的。就算快乐起来了，这种喜悦也是脆弱的。因为这个人活着总会有一种"命悬一线"的感觉，总会担心如果这个唯一的"标示物"倒下的话，自己的价值将不复存在。

如果一个学生，他除了学习之外，自己有各种社会活动和有很多兴趣爱好，那么偶尔的一次考试失利并不会对他造成太大的打击，因为他会从其他的活动中找到自己的价值和乐趣。

而如果这个学生没有任何其他兴趣，只会全天候的学习，结果考试成绩还很糟糕，那么他就会像珊珊、西西一样认为"我的整个人生都用来学习了，结果还没有学好。我真是太失败了"。

　　这种想法，轻则造成厌学情绪，重则会导致自杀等严重后果。

　　其实，想让自己快乐起来，方法很简单：让自己变得"立体"起来，让自己的生命和价值有多个"侧面"，多种"呈现"。

　　什么是"立体人"？举个最普通、做得最一般的"立体人"的例子，也就是我自己。

　　我有哪些侧面和呈现呢？就像我前面提到的，我是一个心理咨询师、职业催眠师、业余拳击手、小提琴手、品酒师、大学客座讲师、北京生活频道美食节目的嘉宾……

　　我每天的生活节奏时而松散，时而紧迫，但是每天的我都快乐得不知天高地厚。

　　我在各个单一领域都不是做得最好的那一个，但是我知道在交叉领域里我是"最牛的"那个。而这个就是让我每天自信心爆棚，幸福感满格的源泉。比如品酒师吧，我不是"品酒师"级别最高的那个。但是没事呀，我是催眠师里，最高级别的品酒师。再比如健身吧，我不是跑得最快、身材最有型的那个。但是没事呀，我是小提琴手里，身材最好的那个。

　　万一你说，还存在其他小提琴手比我身材还好（我估计这是个小概率事件）。那也没事呀，我是大学客座讲师里面，小提琴能参加交响音乐会商演的、身材最好的那个。

我承认，单一领域里面我不是最牛的那个，但是我可以看交叉领域呀。交叉两个领域不够，那我可以交叉三个、四个、五个……如果交叉了我所有能交叉的，还是没有拼过人家。没关系呀，我接受就好啦，最不济还能胜在"心态好"和"很阿Q"这两点上。

我从不要求自己要"取长补短"，因为我觉得"取长补短"其实就是把生命平均化的过程，被平均了，那就意味着没有特点了。每个人都希望自己是"特别的"，没有人甘心终其一生只做个"路人甲"。

如果不做"取长补短"，那是什么动力促使我不断自我成长的？答案是"扬长避短"！只要我能最多角度地发现自己的优势，最大限度地发挥自己的优势，那就够了！因为天生我材必有用！

我其实只是一个"侧面"不算太多，并且在每个侧面都勉勉强强只做到了中上等的那个。即便如此，我已经能够如此"盲目"地自信和快乐。而看到我的文章的你，一定能够随随便便就找到比我更多的"侧面"，并且在某个或者某几个侧面做到比我更棒。当你找到了这些侧面之间一个一个的交叉点的时候，你的幸福感会呈指数级增长的。

当一个人越"立体"，能够进行"交叉"的侧面越多，他就越容易发现自己的价值，越容易快乐起来，并且这种快乐和幸福感的鲁棒性很强。让我们丢掉"命悬一线"，迎接"花团锦簇"，从今天开始，做个"立体人"吧！

致　谢

北京的深冬寒风凛冽，但又因即将到来的春节，辞旧迎新，而让人们的心情显得恬淡温暖。

"叮咚"……出版社的编辑在电脑上给我传来了一张图片，是这本书的"封面设计图"——红色为底色，热烈、温情；纹理设计传达着"焦虑"、"压力"抑或是"浴火重生"、"凤凰涅槃"，我的名字第一次出现在一本书上……此时此刻，我的眼睛有些湿润，连呼吸都莫名地变得急促了起来。

这种心情或许是每一位写过书的作者都曾经历过。历经了6个月的创意、筹划、创作、修改，当这本书就这样安安静静地出现在我面前的时候，那种感觉就像一位母亲被从产房推出来后，第一次望见怀胎十月的婴儿。

我依然清楚地记得，2012年的夏末秋初，第一次看到女儿的样子，密闭着眼睛，粉嘟嘟的小脸，在襁褓中酣睡着。虽初次谋面，又似曾相识，对她既充满无以复加的宠爱，又怀着对新生命的敬畏……百感交集，竟不知道该怎么描绘这其中的点点滴滴。

此刻，元元用她奶声奶气的声音将我拉回现实："妈妈，你在干什么呢？"

"妈妈写了一本书！"

"哇，妈妈你真棒！你的书里都写了什么呀？"

"写妈妈做过的心理咨询和催眠的故事呀！"

"你不是都在线和面对面做吗？为什么还要写书呢？"

"是呀，宝贝。妈妈一对一做咨询和催眠的时候，一次只能帮助一个人。妈妈做讲座和讲课的时候，可以一次帮助一群人。而妈妈把这些故事都写成书，就可以帮助更多的人了！"

"哇，我的妈妈真棒！我好爱你！"元元张开她的双臂，给了我一个大大的拥抱和甜甜的亲吻。

我将女儿搂在怀里，感受着她圆嘟嘟的小脸庞贴在我胸口的温度，闻着她每一根发丝都散发出来的爱的味道，那一瞬间我感觉到她似乎还是那个刚刚出生的5斤7两的小婴儿。

元元的出生，不仅让我成了一位母亲，也让我经历了人生最大的转折和蜕变，因为那个时候正是我人生中最挣扎、最迷茫的时刻。

现在回想起来，"写一本有关心理和情绪的书"好像无论从哪个层面来看都与当时的我及我的人生轨迹没有半毛钱的关系。

我本科和研究生都是在北京理工大学读的计算机系，是一个标准的工科女。毕业前，我就入职了当时红极一时的摩托罗拉公司，成了一名软件研发的项目经理。这一做，就是十年的时间。

在这期间，我用自己的业余时间学了法语，学了职业项目经理人认证（PMP），学了品酒师，学了拳击……由着自己的性子，学了很多相关的、不相关的东西。当时，我很迷茫，我希望我可以成为更好的自己。我要求自己足够努力，不断学习，但是未来的方向在哪里，我不知道。

机缘巧合之下，"心理学"走进了我的人生，并从此改变了我。我与"心理学"的结缘，源于一个对我一生都很重要的人。当年，他推荐我看了一部美剧《别对我说谎》（Lie to Me）。这部剧讲的是如何通过人的微表情和微语言去破案。我看完几集后随口说了一句："心理学好神奇呀，我也想去学学看。"

结果几个月后，我俩就在每个周末同时坐在"心理咨询师"培训的课堂里了。虽然他直到现在仍然没有涉足"心理学行业"，但其实在心理学的学习道路上，我们始终是"同学"，是共同成长的伙伴。这不仅表现在当我迷茫和脆弱的时候，他总会给予我最坚定的支持，还表现在他永远以最温柔的方式和男人最独有的智慧，给予我一种全新的思路和答案。所以，在这里，我要特别感谢他，我的老公李天伟。

当我一遍遍地刷这部美剧时，我会无限羡慕剧里面主人公莱特曼（Lightman）那种"洞察入微"、"一切尽在掌握"的感觉。那时，会有一个念头时不时地在我心中浮现：如果……我做一个心理咨询师呢？

虽然现在回想起来，一切努力都是对的，但在当时当我决心将积累了十年的计算机行业完全归零、重新出发的时候，包括家人、亲友和我自己都心存疑虑。直到元元的出生，心中的钟摆才最终确定了方向。

2012年，女儿来到了这个世界。我像所有妈妈一样，被这个小生命改变了生活。"高质量地陪伴女儿"是我做了妈妈之后最大的愿望。以前乐在其中的加班和随时随地的跨国电话会议，越来越成为我的压力源。我纠结、挣扎、迷茫着。终于，在元元一岁的时候，我做了一个遵从内心的决定："我，32岁，要转行！我要时间自由！"

也就是说，是元元的出现，促使我做了人生中最重要的决定。我开始学会"少用大脑多用心"，学会删繁就简。做出这样的决定，有两个原因：一是在我的人生中，女儿已经不可避免地成为衡量自我价值和幸福与否的重要元素；二是从我32岁的转行到后来的开工作室再到现在创办自己的心理咨询公司，一路走来，"做元元的榜样"都是我最本源的动力。

因此，在这里，我要特别感谢李梦卓（元元的大名）小朋友。女儿的出现，让我有无限动力成为更好的自己！我在陪伴元元成长的同时，她也在陪伴我，让我在心理学研究的路上不断成长。她在激励着我前行！元元，妈妈好爱你！

当然，在一切归零之后，做着梦想去迎战现实并非一帆风顺。"有房贷要还"、"上有老下有小"、"人到中年"……所有的这些都是我不得不面对的问题。

有一年春节，我姥姥全家人在一起吃饭。席间，舅舅突然语重心长地对我说："婷婷，你六年半的计算机学习背景，十年的计算机从业经验，积累起来的地位、口碑和人脉就这么不要了，你真的一点都不觉得可惜吗？"全家人一下子安静了下来，都在等我的答案。我笃定地回答道："我想好了。这个，是我要的！"舅舅顿了顿说："好，只要你想好了，全家人都会支持你的！"

从那之后，我所有的亲人们再也没有问过我类似的问题，取而代之的是不停地发微信问我"需要帮忙，你就吱声"、"别太累"、"注意身体"、"好好吃饭"。特别是我的妈妈爸爸，本来老两口都已退休，可以颐养天年，因为我的转行，乃至后来开办工作室和公司，要辛苦二老时不时地帮我照顾元元。因为担心我在外面吃饭营养不均衡，他们经常会给我和了我最爱吃的馅儿，把刚煮的饺子包在毛巾里，趁热送到我家里来，就为了让我吃顿舒服的家里饭。在此，我要特别谢谢我的妈妈爸爸以及我所有的亲人们。你们是我最温暖、最坚强的后盾，我为生活在这样一个和睦、有爱的大家庭里而感到自豪！

别人看到我现在又做咨询又做讲座还出书，都会无限感慨地问我"你怎么转行转得这么成功"？我对这些人通常会说这样一句话："只看见贼吃肉，没看见贼挨打。"其实，我属于资质平庸的人，并没有高人一等的先见之明，能走到今天，要感谢一路帮助过我的人。

在我转行之初，作为一个在"心理界"零影响力的人，并没有什么客户来找我咨询，更别提按小时收费了。虽然我对于自己的学习能力和专业水平很有信心，并且有着"帮助他人"的情怀。但是，没有人来寻求我的帮助是一个让我很灰心和很尴尬的事情。一次，在和我朋友聊天的过程中，我说起了我的无奈。他对我说："Vivian，我来做你的客户，你来给我调节吧！"我吃惊地说："你又不了解我的水平，就这么信任我？"他说："我确实不了解你在心理学上面的造诣，但是我了解你！我知道，你只要打算做一件事，你就会把它做到最好的。所以，是的，我就是这么信任你！"

慢慢地，因为大家对我的信任和对于调节效果的认可，我的客户群从我周围的朋友扩展到了朋友的朋友，扩展到了很多从外地慕名而来的人。在这里，我要特别感谢我的第一批客户，那些对我无限信任的一零一中学的同学们、金帆交响乐团的同学们、北京理工大学的同学们、中科院的同学们以及摩托罗拉的同事们（因为客户信息都受到"保密原则"的保护，所以我无法一一点出你们的名字）。没有你们的无条件信任和肯定，我就无法建立起自己如今这么强大的自信，我就没有可能去帮助更多的人。正是你们当初对我的信任，对心理咨询这一行业的信任，成就了今天更多人的心理疗愈。

随着我做的咨询越来越多，我会越来越深入地去思考人、人生、生命以及其关系。有一次，我和我的前同事，也是我的好朋友，"改变自己"联合主创张辉聊天的时候，他说："Vivian，你应该把你的想法记录下来，写成文章！"我当时迟疑地说："我从上大学以后，就再也没有写过作文。我，能写文章？"张辉肯定地说："你，能写！你怎么想的就怎么写！"于是，在张辉的激励下，我开始做自己的微信公众号"宋婷婷Vivian"，后来又做了我公司的微信公众号"诺友KnowYou"。

但是在写文章，特别是后来写书的过程中，我真的体会到了"闻道有先后，术业有专攻"。一个我觉得想得很清晰的道理，写出来总是感觉没那么到位。而在我每每苦于不会写、写不好、没角度的时候，一个可爱活泼美丽的人儿总会在写作上给予我最无私、最及时的帮助。这个人就是我的发小儿，一个一嘴京片子的北京丫头，资深媒体人张煦。写作经验丰富又善解人意的她，总是可以从我絮絮叨叨的描述中，抽丝剥茧般地帮我理清思路，找到切入点，并且不断地鼓励我继续写下去！

在此，我要特别感谢张辉和张煦，这两个在我写作的道路上一直热情、坚定地鼓励我和帮助我的知己。

随着越来越多的人读我的文章、听我的微课、知道我、信任我，就有越来越多的人邀请我去做分享、做讲座、做课程，让我把能量传播给更多的人，让我能有机会帮助更多的人。在此，我特别感谢掌众金融COO谢敏，阿里巴巴人工智能实验室智能终端总经理茹忆，私人银行家魏柯，百度集团人力资源部李娟，伊顿家长大学校长曾珈。你们无私地给我提供了各种机会，让我能够帮助到更多的人。

就在我小有所成地享受着"宋婷婷Vivian心理工作室"带来的小确幸的时候，又有人抽起了让我不断前行的"小皮鞭"："婷婷，你做的事情特别有意义。你创业开公司吧，这样你才可以帮助到更多的人"。这些朋友和我属于一样的人，我们都没有把个人的功成名就作为创业的动力，唯一的情怀就是"帮助更多的人"。

就这样，"北京诺友咨询有限公司"在2017年正式成立，在此我要特别谢谢举起"小皮鞭"不停地"忽悠"我的各位：掌众金融CTO惠天舒，天使投资人曹圣光，学霸君HRD Susan。因为你们，才有了今天的"诺友咨询"，才令更多人的心灵在这里得到了疗愈和成长。

当然，我也必须感谢我的团队和公司中的所有同事。我们汇聚在"诺友"的品牌之下，一起成长，互相助力，携手前行。

我经常对团队的伙伴们说一句话是"要永远把自己当成学生"。这句话有两层意思：一是学无止境，我们要在研究和实践中海纳百川、融会贯通；二是要将当年做学生时从零到一、不断进阶、不耻下问等学习态度带到职业生涯中来。

在此，我要特别感谢我一零一中学的洪亚美老师，中科院心理所的伍海燕老师，中央音乐学院的赵薇老师以及我在摩托罗拉的老板Mbi Makungu和Patti Sachs。你们永远是我的老师，你们传授给我的知识和智慧会让我受用一生。

经常会有人问我："作为一个心理咨询师，你会不会有焦虑的时候？"我的回答是："我是人，不是神！人该有的情绪状态，我全有！"那么，我焦虑、压力大、状态不好的时候通常是如何来疏解的呢？自我催眠、跑5公里、打拳击、拉琴、给闺女念绘本……当然，最重要的是亲闺蜜们的热闹陪伴。她们不仅和我一起吃吃喝喝哭哭笑笑，而且能在我累到不行、智商下线的时候，极有创意地带我去吃"脑子加工厂"，给智商及时充值。在此，特别感谢你们：孟陶，刘川，常葳，张蓉。无闺蜜，不幸福！

就当我这篇"致谢"快写完的时候，出版社亲爱的编辑楼燕青又微信催我交稿了！知道吗，第一次她邀请我写书的时候，还被我误认为是骗子呢！现在，我还记得她第一次给我发的那条简单、直接的微信："婷婷，我看了很多你公众号的文章，想邀请你写一本书！"我第一个反应就是："大骗子！"接着，她说了很多她对这本书的定位、对我文章的看法、她的思路等。渐渐地，我发现她用心读过我的文章，用心考虑过书的内容和我的风格，并且她是个特别专业和敬业的编辑。在此，我要特别感谢楼燕青以及出版社的所有同人。没有你们的发现和鼓励，就没有今天的这本书，更不会有机会让我去帮助到更多的人。

写这本书的初衷，是希望把人生道路上所有人都会遇到的迷茫、焦虑、心碎和应对这些状态的解决方案分享出来，去滋养更多的人。行文至此，我忽然发现其实正是因为得到了这么多人无私的帮助、鼓励和滋养，我才得以成长到今天，才得以借力这本书、借助我的绵薄之力去帮助更多的人。

所以，从某种意义上来说，你们才是我的"摆渡者"！

再次，一并感谢！